甘肃民勤连古城国家级自然保护区科学考察系列丛书

甘肃民勤连古城国家级自然保护区

植物图鉴

BOTANICAL ATLAS

中国林業出版社
China Forestry Publishing House

图书在版编目(CIP)数据

甘肃民勤连古城国家级自然保护区植物图鉴 / 刘晓娟，张有佳主编. —北京：中国林业出版社，2020.5
ISBN 978-7-5219-0547-2

Ⅰ. ①甘… Ⅱ. ①刘… ②张… Ⅲ. ①自然保护区–植物–甘肃–图集 Ⅳ. ①Q948.524.2-64

中国版本图书馆CIP数据核字（2020）第066519号

中国林业出版社·自然保护分社（国家公园分社）

策划编辑： 刘家玲

责任编辑： 刘家玲 甄美子

出版 中国林业出版社（100009 北京市西城区德内大街刘海胡同7号）
http://www.forestry.gov.cn/lycb.html 电话：（010）83143519 83143616

发行 中国林业出版社

印刷 河北京平诚乾印刷有限公司

版次 2020年8月第1版

印次 2020年8月第1次印刷

开本 787mm×1092mm 1/16

印张 8.75

字数 220千字

定价 100.00元

《甘肃民勤连古城国家级自然保护区植物图鉴》编辑委员会

主　编

刘晓娟（甘肃农业大学林学院）

张有佳（甘肃民勤连古城国家级自然保护区管理局）

副主编

高承兵（甘肃民勤连古城国家级自然保护区管理局）

曾新德（甘肃民勤连古城国家级自然保护区管理局）

王承勋（甘肃民勤连古城国家级自然保护区管理局）

高万林（甘肃民勤连古城国家级自然保护区管理局）

闫好原（甘肃民勤连古城国家级自然保护区管理局）

编委会

（按汉语拼音排序）

柏成林　陈永明　高承兵　高万林　何新兵　胡生新

贾斌斌　姜有忠　李发鸿　李　锐　李威龙　刘晓娟

毛焕雄　宁宝山　邱晓菲　孙学刚　王承勋　王　芊

魏育新　辛爱民　许　明　薛斌瑞　闫好原　杨树睿

杨晓宝　杨雅婷　曾新德　詹天军　张　杰　张晓丽

张有佳　赵多明　赵倩云

摄　影

孙学刚　刘晓娟　曾新德　王承勋　杨小宝

高承兵　马存世　冯虎元　柴宗政

前　言

PREFACE

野生植物作为自然生态系统初级生产者和生物多样性组分，是各个自然保护区重要的自然资源和环境要素，因而是不可或缺的保护对象。2015 年 11 月，在甘肃省林业局（现甘肃省林业和草原局）大力支持和资助下，启动了甘肃民勤连古城国家级自然保护区（以下简称保护区）第二次综合科学考察。通过历时两年的野外调查和室内鉴定整理，查明该保护区内共有维管植物 45 科 150 属 246 种和 4 变种。基于调查研究成果，编写了《甘肃民勤连古城国家级自然保护区植物图鉴》。

本书分为总论和各论两部分，总论部分对保护区的野生植物种类多样性现状、植物区系特征、植被类型、植物资源现状以及保护植物进行了概述。各论部分收录了保护区天然分布的 235 种维管植物，对每种植物的形态特征、生境和地理分布进行了简要描述，同时每种植物配以 2~3 张反映其种群、个体和局部器官特写等层次的数码照片，直观地展现每种植物的形态识别特征，力求图文并茂、简明实用。书中科的排列顺序按照《Flora of China》中的系统顺序进行排列，科内属的顺序和属内种的顺序均按照拉丁学名字母顺序排列，便于读者查阅。所有植物种类的中文名和拉丁学名及部分类群的分类处理均参考《Flora of China》进行了修订。一些植物的常用中文异名也在书中列出，并在书后中文名索引中列出，以便读者检索。

本书前言、总论、木贼科、麻黄科由刘晓娟执笔；杨柳科至车前科由张有佳执笔；菊科由高承兵执笔；禾本科由曾新德执笔；水麦冬科至莎草科由王承勋执笔；灯心草科至鸢尾科由高万林执笔；中文名索引及拉丁学名索引由闫好原执笔。

由于编者知识和水平有限，难免物种分类鉴定和文字出现错误，恳望读者给予谅解并沟通改进。

编者

2020年2月于兰州

目录

CONTENTS

总论

GANSU MINQIN LIANGUCHENG GUOJIAJI ZIRAN BAOHUQU ZHIWU TUJIAN

甘肃民勤连古城国家级自然保护区（以下简称保护区）位于甘肃省民勤县境内的荒漠区域内，东北方被腾格里沙漠包围，西北有巴丹吉林沙漠环绕，中部由石羊河冲积湖积成狭长而平坦的绿洲带，总面积约 39 万公顷，是国内面积最大的荒漠生态系统类型自然保护区之一。保护区主要保护对象为典型干旱荒漠生态系统和典型荒漠野生动植物，具有自然地带典型性、生物物种和区系成分独特性、自然生态系统完整性等特征，具有重要的生态服务功能和科学研究价值。

植物物种多样性及其构成的植被作为初级生产者，是保护区荒漠生态系统不可或缺的生物多样性组分，也是重要的自然资源和环境要素。近现代以来，国内外植物学、地理学、林学研究者及其他专业技术人员对保护区、民勤县及其临近区域野生植物进行了多次标本采集和植物资源调查工作，主要有白荫元（1933）、刘继孟（1939）、何业祺（1954，1956，1959）、沈连生（1955）、刘媖心和李鸣岗（1956）、白守信（1959）、中国科学院青甘调查队（1957，1958，1960）、朱文江（1963）、张学忠（1963）、中国科学院地理研究所（1964）、邱莲卿（1982）、徐朗然等（1996）、谭策铭等（2003）、李昌龙（2003，2011）、马存世（2009）、李爱德（2009）、曾新德（2009）、刘晓娟等（2015，2016）。涉及保护区、民勤县及其邻近地区植物类群的系统分类记载主要见于刘媖心主编的《中国沙漠植物志》（第一卷至第三卷）（科学出版社，1985—1992）和唐小平等主编的《甘肃民勤连古城国家级自然保护区科学考察集》（中国林业出版社，2001）。上述标本采集工作、植物分类学研究和近年来保护区第二次综合科学考察成果为查明本区植物物种多样性和植物区系基本特征奠定了基础。

1 植物物种多样性

1.1 植物种类多样性

据不完全统计，甘肃民勤连古城国家级自然保护区内共有维管植物 45 科 150 属 246 种 4 变种。其中，蕨类植物仅木贼科（Equisetaceae）木贼属（*Equisetum*）1 科 1 属，包含节节草（*Equisetum ramosissimum*）和问荆（*Equisetum arvense*）2 种。种子植物 44 科 149 属 244 种 4 变种，其中，裸子植物 1 科 1 属 2 种，被子植物 43 科 148 属 242 种 4 变种。

1.2 科的多样性

保护区维管植物含 21 种以上的大型科有 4 科，占总科数的 8.89%，包含 72 属 116 种，分别占保护区总属数的 48.32%、总种数的 46.77%。这 4 个科分别是菊科（Asteraceae）、藜科（Chenopodiaceae）、禾本科（Poaceae）、豆科（Fabaceae）。从所占比例可以看出这 4 个科为保护区的优势科，它们对保护区植物景观格局起到了构建作用。菊科是保护区中的最大科，含 39 种，其中蒿属（*Artemisia*）的种类最多，共 8 种，是蒿类荒漠的重要建造者，其他种类大多是一些伴生种。藜科是保护区的第二大科，共 29 种，在荒漠植物区系中起着重要作用，其中合头草（*Sympegma regelii*）、松叶猪毛菜（*Salsola laricifolia*）、珍珠猪毛菜（*Salsola passerina*）、盐爪爪（*Kalidium foliatum*）、细枝盐爪爪（*Kalidium gracile*）为保护区的重要建群种。禾本科在保护区分布有 26 种，大多是一些草原种向荒漠的侵入，是荒漠草原植被中的主要植物种类，其中有一些是流动沙丘上的先锋植物，如三芒草（*Aristida adscensionis*）、沙鞭（*Psammochloa villosa*）、芦苇（*Phragmites australis*）等。豆科在保护区分布有 22 种，在保护区植物群落中占有明显地位，如柠条锦鸡儿（*Caragana korshinskii*）、矮脚锦鸡儿（*Caragana brachypoda*）、猫头刺（*Oxytropis aciphylla*）等，在保护区内形成大面积灌丛。含 11~20 种的中型科有 1 科，为十字花科（Brassicaceae），包含 11 属 16 种，分别占保护区总属数的 7.38% 和总种数的 6.45%。含 2~10 种的小型科有 24 科，占保护区总科数的 54.55%，共包含 51 属 101 种，分别占保护区总属数的 34.23% 和总种数的 40.73%。仅在保护区分布有 1 种的科有 15 科，占保护区总科数的 34.09%，但其属数和种数仅占 10.07% 和 6.05%。可以看出，大型科对保护区的属和种的贡献最大，其次为小型科，中型科和单种科对保护区的属和种的贡献较小。表明保护区植物区系的种类集中在少数大科中，区系的优势现象十分显著。

1.3 属的多样性

根据保护区维管植物属所含种的多少，将保护区维管植物属按种数多少划分为 3 类。含 5 种以下的属共 147 属，包含 229 种，分别占总属数的 98.00% 和总种数的 91.6%，构成了保护区植物区系属和种的主体。其中，仅有 1 种的属有 97 属，占保护区植物种类总数的 38.80%，含 2~5 种的属共 50 属，包含 132 种，占保护区植物种类总数的 52.80%。保护区含 5 种以上的属包括蒿属、霸王属（*Zygophyllum*）和柽柳属（*Tamarix*）3 个属，它们所包含的植物种类大多是构成保护区植被的建群种、优势种或主要伴生种。

2 种子植物区系特征

保护区植物种类贫乏，为典型的荒漠植物区系。保护区共有种子植物 44 科 149 属 248 种，属种比高达 60.08%，区系的优势现象明显，4 个大科：菊科、藜科、禾本科、豆科，占总科数的 8.89%，却包含了 72 属 116 种，分别占保护区总属数的 48.32% 和总种数的 46.77%，这也反映了高等级类群区系结构的简单性。

保护区种子植物属的分布类型可以划分成 12 个类型和 3 个变型。其中世界分布类型有 28 属，占总属数的 18.79%；热带分布类型共 14 属，占总属数的 9.39%，表明本区与热带区系联系较弱；温带分布类型共 7 个类型 3 个变型，包含 105 属 169 种，占全区总属数的 70.47% 和总种数的 68.15%，主要包含北温带分布型、旧世界分布类型、地中海区－西亚至中亚分布型及中亚分布型，凸显保护区植物区系整体的温带性质；中国特有分布类型仅有绵刺属（*Potaninia*）和百花蒿属（*Stilpnolepis*）2 属。温带成分占绝对优势与保护区所处的地理位置及气候带相吻合。古地中海成分也是重要的组成成分，保护区曾是古地中海的海滨区，因此区系中有较多古地中海干热成分是十分自然的现象，但喜马拉雅山脉和青藏高原的隆起阻断了保护区植物区系与西南地中海植物区系的联系，对保护区植物区系的形成影响深刻。世界广布成分的存在反映出本区荒漠气候的严酷性，干旱的荒漠气候使温带的许多成分虽在保护区分布但难以形成优势，唯有广布性的大科能以其庞大的种系分化、种群扩散能力和生态适应性在本区恶劣的生境中占据优势。本区与热带区系联系较弱，仅存有少数的热带成分，主要是一些对恶劣环境适应性较强、生态幅较宽广或由于历史原因而保留下来的种类，但本区只是这些热带成分向温带的延伸，成为这些热带性质属分布的北界，且这些属内种的分布区主要在温带，进一步说明本区热带性质微弱。

3 植被类型

基于样地调查和路线踏查所收集的数据资料，参照《甘肃植被》和《中国植被》中制定的植被分类系统和各植被分类等级的划分标准，将本区植物群落归纳为阔叶林植被型组、灌丛植被型组、荒漠植被型组、草原植被型组、草甸植被型组、沼泽植被型组、沉水植被型等7个植被型组，包含9个植被类型，13个植被亚型；并进一步按照群落优势层片的建群种和优势种相同原则划分为胡杨群系、二白杨群系、沙枣群系、多枝柽柳群系、白刺群系、膜果麻黄群系、中麻黄群系、霸王群系、泡泡刺群系、小果白刺群系、大白刺群系、裸果木群系、阿拉善沙拐枣群系、沙拐枣群系、绵刺群系、矮脚锦鸡儿群系、柠条锦鸡儿群系、红砂群系、松叶猪毛菜群系、珍珠猪毛菜群系、驼绒藜群系、合头草群系、猫头刺群系、鹰爪柴群系、中亚紫菀木群系、圆头蒿（白沙蒿）群系、尖叶盐爪爪群系、盐爪爪群系、细枝盐爪爪群系、拂子茅群系、沙生针茅群系、内蒙古旱蒿群系、芦苇群系、芨芨草群系、赖草群系、无苞香蒲群系、西伯利亚蓼群系、小眼子菜群系等39个植物群系，按照层片结构和各层片优势种或共优种相同原则细分为45个群丛。

4 植物资源

4.1 药用植物资源

根据《甘肃中草药资源志》统计，保护区共有药用植物115种，占本区植物总数的46%。其中，常用的药用植物有甘草属（*Glycyrrhiza*）、麻黄属（*Ephedra*）、锁阳属（*Cynomorium*）、肉苁蓉属（*Cistanche*）、枸杞属（*Lycium*）、柽柳属、芦苇属（*Phragmites*）等，如甘草（*Glycyrrhiza uralensis*）、中麻黄（*Ephedra intermedia*）、萹蓄（*Polygonum aviculare*）、柽柳（*Tamarix chinensis*）、锁阳（*Cynomorium songaricum*）、肉苁蓉（*Cistanche deserticola*）、宁夏枸杞（*Lycium barbarum*）等。其中一些种在保护区内有较高储量，如芦苇、甘草、柽柳、中麻黄等。保护区内的部分药用植物也是荒漠植物群落的建群种，是荒漠生态系统的建设者，因此，对此类药用植物的野生资源要加以保护。

4.2 盐生植物资源

根据《中国盐生植被及盐渍化生态》和相关论文著作统计，保护区有典型盐生植物79种，占保护区植物总数的31.6%。本区盐渍化土地占有相当大的面积，其上生长着不同类型的盐生植物。这些盐生植物适应盐渍化土壤并通过不同的生理生化过程对其进行改造，对盐碱土壤的改良起到了重要作用，并为其他类型的植物在这些环境中生长提供了可能。其中比较典型的有盐爪爪属（*Kalidium*）、驼绒藜属（*Krascheninnikovia*）、碱蓬属（*Suaeda*）、合头草属（*Sympegma*）、猪毛菜属（*Salsola*）、红砂属（*Reaumuria*）等类群的植物。

4.3 牧草植物资源

保护区牧草植物有96种，占保护区植物总数的38.4%。其中以禾本科和莎草科植物为主，如芨芨草（*Achnatherum splendens*）、赖草（*Leymus secalinus*）、沙生针茅（*Stipa caucasica* subsp. *glareosa*）、芦苇等。也有藜科、豆科、蔷薇科（Rosaceae）等的一些草本和灌木，如盐爪爪属、猪毛菜属、黄耆属（*Astragalus*）、苜蓿属（*Medicago*）、草木樨属（*Melilotus*）、野豌豆属（*Vicia*）、委陵菜属（*Potentilla*）的一些植物。但本区植物种类较少，储量有限，生态环境脆弱，应禁止放牧。

4.4 防风固沙植物资源

保护区东北被腾格里沙漠包围，西北有巴丹吉林沙漠环绕，区内存在大面积的沙漠。在这些沙漠地区分布的植物种类长期适应于风沙、干旱等严酷的环境条件，具有一定的防风固沙能力。保护区沙生植物共计 109 种，占保护区植物总数的 43.6%。典型的防风固沙植物有麻黄属、木蓼属（*Atraphaxis*）、沙拐枣属（*Calligonum*）、沙蓬属（*Agriophyllum*）、猪毛菜属、柽柳属、锦鸡儿属（*Caragana*）、白刺属（*Nitraria*）、三芒草属（*Aristida*）等。这些沙生植物对改善沙漠的生态环境，维持生态平衡起着重要的作用。

5 重点保护野生植物

5.1 国家重点保护野生植物

根据《国家重点保护野生植物名录（第一批）》（1999）和第二批建议名录草案，甘肃民勤连古城国家级自然保护区天然分布国家一级重点保护野生植物有石竹科（Caryophyllaceae）的裸果木（*Gymnocarpos przewalskii*）和蔷薇科的绵刺（*Potaninia mongolica*），国家二级重点保护野生植物有发状念珠藻（发菜 *Nostoc flagelliformc*）、麻黄科（Ephedraceae）的中麻黄、蓼科（Polygonaceae）的沙拐枣（*Calligonum mongolicum*）、藜科的梭梭（*Haloxylon ammodendron*）、瓣鳞花科（Frankeniaceae）的瓣鳞花（*Farankenia pulverulenta*）、蔷薇科的蒙古扁桃（*Amygdalus mongolica*）、豆科的沙冬青（*Ammopiptanthus mongolicus*）、豆科的甘草、列当科（Orobanchaceae）的肉苁蓉、夹竹桃科（Apocynaceae）的白麻（*Apocynum pictum*）、十字花科的斧翅沙芥（*Pugionium dolabratum*）等 11 种。

裸果木和绵刺主要分布于在黄岭保护站、三角城保护站、花儿、园保护站管护区，常成为保护区北部荒漠植被群落的优势种。其中，裸果木属（*Gymnocarpos*）为我国石竹科仅有的木本植物属，全球仅有 2 种，是第三纪的孑遗植物。绵刺为荒漠旱生灌木绵刺是单种属植物，系古老的孑遗种，具有一定的科学研究价值，又是一种天然饲料，青鲜时牲畜喜食，但分布区狭小，由于过度放牧和任意樵采，致使数量日益减少，加之环境条件恶劣，绵刺的正常生长发育受到影响，处于日益衰退的状态。这些国家级重点保护野生植物，具有较高的科学研究价值，但现存种群规模小，生境狭窄，易于遭受人为干扰的威胁和破坏，亟待采取有效的保护措施。

5.2 有待优先保护评估的稀有濒危野生植物

基于样地调查和路线踏查所收集的数据资料，运用保护生物学原理和方法，综合评价了保护区重要植物种群和群落类型及生境的受威胁程度，初步筛选出 12 种甘肃民勤连古城自然保护区地方重点保护植物，分别为杨柳科（Salicaceae）的胡杨（*Populus euphratica*）、藜科的驼绒藜（*Krascheninnikovia ceratoides*）、蓼科的单脉大黄（*Rheum uninerve*）、伞形科（Apiaceae）的硬阿魏（*Ferula bungeana*）、锁阳科（Cynomoriaceae）的锁阳、列当科的沙苁蓉（*Cistanche sinensis*）、十字花科的短果小柱芥（*Microstigma brachycarpum*）、紫草科（Boraginaceae）的黄花软紫草（*Arnebia guttata*）、马鞭草科（Verbenaceae）的蒙古莸（*Caryopteris mongholica*）、菊科的百花蒿（*Stilpnolepis centiflora*）、禾本科的三芒草、禾本科的沙鞭，依此作为编制保护区地方重点保护植物名录，为制订保护区管理规划和植物物种保护对策提供参考依据。

各论

GANSU MINQIN LIANGUCHENG GUOJIAJI ZIRAN BAOHUQU ZHIWU TUJIAN

问荆 | *Equisetum arvense* Linn. 木贼科 / 木贼属 *Equisetum*

中小型蕨类。枝二型。能育枝春季先萌发，黄棕色，无轮茎分枝，脊不明显；鞘筒栗棕色或淡黄色，鞘齿9～12枚，狭三角形，孢子散后能育枝枯萎。不育枝后萌发，轮生分枝多，主枝中部以下有分枝；鞘筒狭长，鞘齿三角形，5～6枚，宿存。侧枝柔软纤细，扁平状，有3～4条狭而高的脊；鞘齿3～5个，披针形，宿存。孢子囊穗圆柱形，成熟时柄伸长。

分布于全国各地。

节节草 | *Equisetum ramosissimum* Desf. 木贼科 / 木贼属 *Equisetum*

中小型蕨类。地上枝多年生。枝一型，具节；主枝多在下部分枝，常成簇生状，主枝有脊5～14条，鞘筒狭长，鞘齿5～12枚，三角形；侧枝较硬，圆柱状，有脊5～8条，鞘齿5～8个，披针形，宿存。孢子囊穗短棒状或椭圆形，顶端有小尖突，无柄。

分布于全国各地。

中麻黄 | *Ephedra intermedia* Schrenk ex Mey. 麻黄科 / 麻黄属 *Ephedra*

灌木，高达1米以上。茎直立，粗壮。小枝对生或轮生，圆筒形，灰绿色，有节。叶退化成膜质鞘状，上部约1/3分裂，裂片通常3，钝三角形。雄球花常数个密集于节上呈团状；雌球花具肉质苞片3～4对，熟时红色。

见于干旱荒漠、沙地、石头缝隙和干旱的山坡上。分布于我国西北地区。

膜果麻黄 | *Ephedra przewalskii* Stapf 麻黄科 / 麻黄属 *Ephedra*

灌木，多分枝。小枝对生或轮生，同化枝黄绿色，具节。叶膜质鞘状，2或3裂，对生或轮生。雄球花无梗，多数密集于节上成团状穗状花序；雌球花2～3生于节上，成熟时苞片增大成干膜质，淡褐色。种子2～3粒包于苞片内。

见于沙漠、荒漠、干旱山麓、多砂石的盐碱地。分布于内蒙古、宁夏、甘肃、青海、新疆。

胡杨 | *Populus euphratica* Oliv. 杨柳科 / 杨属 *Populus*

落叶乔木。树皮纵裂。嫩枝被疏短毛或光滑。叶近革质，灰绿色，光滑或被疏短毛，萌发枝或长枝叶条形、披针形或矩圆形，全缘或具不整齐的疏浅齿状裂片，短枝叶阔卵形、圆形、三角状圆形或肾形，先端和两侧具疏齿牙。雄花序细圆柱形，长2~3厘米；雌花序长约2.5厘米，果期长达9厘米。蒴果长椭圆形，长10~12毫米；2~3瓣裂。

见于盆地、河谷和平原的沙质土壤。分布于内蒙古、新疆、甘肃、青海。

二白杨 | *Populus gansuensis* C. Wang et H. L. Yang 杨柳科 / 杨属 *Populus*

落叶乔木。树干通直；树皮灰绿色，光滑。萌枝与幼枝具棱。萌枝或长枝叶三角状卵形，长宽近相等，7~8厘米，边缘近基部具钝锯齿；短枝叶宽卵形，边缘具细腺锯齿，近基部全缘；叶柄圆柱形，上部侧扁，长3~5厘米。雄花序长6~8厘米，雄蕊8~13；雌花序长5~6厘米，苞片扇形，边缘具线状裂片。果序长达12厘米；蒴果长卵形，长4~5毫米，2瓣裂。

见于村庄道边、渠旁。分布于甘肃武威、张掖、酒泉等地。

小叶杨 | *Populus simonii* Carr. 杨柳科 / 杨属 *Populus*

落叶乔木。树皮沟裂；树冠近圆形。芽细长，有黏质。叶菱状卵形，长3～12厘米，宽2～8厘米，无毛，叶下面灰绿色或微白，叶缘具细锯齿；叶柄圆筒形，黄绿色或带红色。雄花序长2～7厘米，苞片细条裂，雄蕊8～9（～25）；雌花序长2.5～6厘米，苞片淡绿色，裂片褐色，柱头2裂。果序长达15厘米；蒴果小，2～3瓣裂，无毛。

见于河岸、山沟和平原。分布于我国东北、华北、华中、西北及西南地区。

旱柳 | *Salix matsudana* Koidz. 杨柳科 / 柳属 *Salix*

落叶乔木。树冠广圆形；树皮有裂沟。枝细长，直立或开展。叶披针形，长5～10厘米，宽1～1.5厘米，边缘有明显锯齿，下面苍白，有伏生绢状毛；叶柄短。总花梗、花序轴和其附着的叶均有白色绒毛。雄花序圆柱形，长1.5～2.5厘米，雄蕊2，花丝基部有长毛，苞片卵形，腺体2；雌花序长达2厘米，子房长椭圆形，无花柱或很短，苞片同雄花，腺体2，背生和腹生。果序长达2.5厘米；蒴果2瓣裂。

见于平原。分布于我国东北、华北和西北地区。

北沙柳 | *Salix psammophila* C. Wang & Chang Y. Yang 杨柳科 / 柳属 *Salix*

灌木。上年生枝淡黄色，常在芽附近有一块短绒毛。叶线形，长4～8厘米，宽2～4毫米，边缘具疏锯齿，叶下面带灰白色；叶柄长约1毫米；托叶线形，常早落。花序长1～2厘米，具短花序梗和小叶片，轴有绒毛；苞片卵状长圆形，外面褐色，基部有长柔毛；腺体1，腹生，细小；雄蕊2，花丝合生，基部有毛；子房卵圆形，无柄，被绒毛，花柱明显，柱头2裂，具开展的裂片。

见于沙地。分布于陕西、内蒙古、甘肃、宁夏、山西。

线叶柳 | *Salix wilhelmsiana* M. B. 杨柳科 / 柳属 *Salix*

灌木或小乔木。小枝细长，紫红色或栗色，被疏毛。叶线形或线状披针形，长2～6厘米，宽2～4毫米，嫩叶两面密被绒毛，后仅下面有疏毛，边缘有细锯齿；叶柄短，托叶细小，早落。花序密生于上年的小枝上；雄花序近无梗，雄蕊2，连合成单体，苞片卵形或长卵形，仅1腹腺；雌花序细圆柱形，长2～3厘米，基部具小叶，子房卵形，密被灰绒毛，无柄，花柱较短，红褐色，柱头全缘或2裂，苞片卵圆形，仅基部有柔毛，腺1，腹生。

见于荒漠和半荒漠地区的河谷。分布于新疆、甘肃、宁夏、内蒙古。

沙木蓼 | *Atraphaxis bracteata* A. Los. 蓼科 / 木蓼属 *Atraphaxis*

直立灌木，高1~1.5米。主干具肋棱多分枝。托叶鞘圆筒状，膜质，顶端具2个尖锐牙齿；叶革质，长圆形或椭圆形，当年生枝上者披针形，长1.5~3.5厘米，宽0.8~2厘米，顶端具小尖，边缘微波状，下卷；叶柄长1.5~3毫米。总状花序顶生，长2.5~6厘米；苞片膜质，每苞内具2~3花；花被片5，绿白色或粉红色，内轮花被片卵圆形，不等大，外轮花被片肾状圆形，果时平展。瘦果三棱状卵形，长约5毫米，黑褐色，光亮。

见于流动沙丘低地及半固定沙丘。分布于我国西北地区。

阿拉善沙拐枣 | *Calligonum alashanicum* A. Los. 蓼科 / 沙拐枣属 *Calligonum*

灌木，株高1.5~3米。老枝灰色或黄灰色；幼枝灰绿色。花梗细，长2~3毫米；花被片宽卵形或近球形。果（包括刺）宽卵形，少数近球形，长18~26毫米，宽17~25毫米；瘦果长卵形，向左或向右扭转，肋极凸起，沟槽明显；刺较细，每肋有2~3行，稠密或较稀疏，比瘦果宽度稍长至长过于2倍，基部稍扩大，分离成少数稍连合，中部或中下部2次2~3分叉，顶枝开展，交错或伸直。

见于流动沙丘和沙地上。分布于内蒙古西部和甘肃西部。

沙拐枣 | *Calligonum mongolicum* Turcz. 蓼科/沙拐枣属 *Calligonum*

灌木，高25~150厘米。老枝灰白色或淡黄灰色，“之”字形曲折；幼枝草质，灰绿色，有关节，节间长0.6~3厘米。叶线形，长2~4毫米。花白色或淡红色，通常2~3朵簇生叶腋；花被片卵圆形，长约2毫米。果实（包括刺）宽椭圆形，长8~12毫米，宽7~11毫米；瘦果不扭转、微扭转或极扭转，条形至宽椭圆形；果肋突起或突起不明显，每肋有刺2~3行；刺等长或长于瘦果之宽，细弱，毛发状，较密或稀疏，基部不扩大或稍扩大，中部2~3次2~3分叉。

见于沙丘、沙地和砾质荒漠。分布于内蒙古、甘肃及新疆。

帚萹蓄（帚蓼）| *Polygonum argyrocoleon* Steud. ex Kunze 蓼科/蓼属 *Polygonum*

一年生草本。茎直立，高50~90厘米，具纵棱，多分枝，分枝斜上，呈帚状，节稍膨大，节间长可达5厘米。叶披针形或线状披针形，长1.5~4厘米，宽6~8毫米，通常早落；叶柄短，具关节；托叶鞘膜质，顶部2裂，以后撕裂。花1~3朵，生茎、枝的上部，形成穗状花序；花梗细弱，与花被近等长；花被5深裂，红色或淡红色，边缘白色。瘦果卵形，具3锐棱，长2~2.5毫米，包藏于宿存花被内。

见于水边、河谷湿地。分布于内蒙古、甘肃、青海、新疆。

萹蓄 | *Polygonum aviculare* Linn. 蓼科 / 蓼属 *Polygonum*

一年生草本。茎平卧或上升，自基部分枝，有棱。叶柄极短或近无，叶片狭椭圆形或披针形，长1.5~3厘米，宽5~10毫米，全缘；托叶鞘膜质。花1~5朵簇生叶腋，遍布于全植株；花梗细而短；花被5深裂，绿色，边缘白色或淡红色；雄蕊8；花柱3。瘦果卵形，有3棱，生不明显小点，无光泽。

见于田边、路旁、沟边、低湿地。分布于全国各地。

马蓼（酸模叶蓼）| *Polygonum lapathifolium* Linn. 蓼科 / 蓼属 *Polygonum*

一年生草本，高40~90厘米。茎直立，节部膨大。叶披针形或宽披针形，长5~15厘米，宽1~3厘米，叶上面常有一个大的黑褐色新月形斑点，全缘；叶柄短；托叶鞘筒状，长1.5~3厘米，膜质。总状花序呈穗状，顶生或腋生，花紧密，通常由数个花穗再组成圆锥状；苞片漏斗状；花被淡红色或白色，4~5深裂。瘦果宽卵形，双凹，长2~3毫米，黑褐色，有光泽，包于宿存花被内。

见于田边、路旁、水边、荒地或沟边湿地。分布于全国各地。

西伯利亚神血宁（西伯利亚蓼）| *Polygonum sibiricum* Laxm. 蓼科 / 蓼属 *Polygonum*

多年生草本，高10~25厘米。茎外倾或近直立，自基部分枝。叶片长椭圆形或披针形，长5~13厘米，宽0.5~1.5厘米，基部戟形或楔形，边缘全缘；叶柄长8~15毫米；托叶鞘筒状，膜质。花序圆锥状，顶生，花排列稀疏，通常间断；苞片漏斗状，通常每一苞片内具4~6朵花；花被5深裂，黄绿色。瘦果卵形，具3棱，黑色，有光泽，包于宿存的花被内或凸出。

见于路边、湖边、河滩、山谷湿地、沙质盐碱地。分布于我国东北、华北、西北地区。

单脉大黄 | *Rheum uninerve* Maxim. 蓼科 / 大黄属 *Rheum*

矮小草本，无茎。基生叶2~4片，叶片纸质，卵形或窄卵形，长8~12厘米，宽4~7.5厘米，边缘微波状；叶脉掌羽状，中脉粗壮，侧脉明显；叶柄长3~5厘米，宽3.5~5毫米。窄圆锥花序，2~5枝；花2~4朵簇生，小苞片披针形；花梗长约3毫米；花被片淡红紫色。果实宽矩圆状椭圆形，长14~16毫米，宽12.5~14.5毫米，顶端圆或微凹，基部心形，翅宽达5毫米，浅红紫色。

见于山坡砂砾地带或山路旁。分布于宁夏、青海、甘肃、内蒙古。

巴天酸模 | *Rumex patientia* Linn. 蓼科 / 酸模属 *Rumex*

多年生草本。茎直立，粗壮，高90~150厘米，具深沟槽。基生叶长圆形或长圆状披针形，长15~30厘米，宽5~10厘米，边缘波状；叶柄粗壮，长5~15厘米；茎上部叶披针形，较小，具短柄或近无柄；托叶鞘筒状，膜质，长2~4厘米，易破裂。花序圆锥状，大型；花两性；外花被片长圆形，长约1.5毫米，内花被片果时增大，宽心形，长6~7毫米。瘦果卵形，具3锐棱，褐色，有光泽。

见于沟边湿地、水边。分布于我国东北、华北、西北地区及山东、河南、湖南、湖北、四川。

沙蓬（沙米）| *Agriophyllum squarrosum* (Linn.) Moq. 藜科 / 沙蓬属 *Agriophyllum*

一年生草本，植株高10~60厘米。茎具不明显的条棱，幼时密被分枝毛，后脱落。叶无柄，披针形至条形，长1.3~7厘米，宽0.1~1厘米，先端渐尖并具小尖头。穗状花序紧密，卵圆状或椭圆状，无梗，1~3腋生；苞片宽卵形，先端急缩，具小尖头，后期反折，背部密被分枝毛；花被片1~3，膜质。果实卵圆形或椭圆形。

见于沙丘或流动沙丘之背风坡上。分布于我国东北、西北地区以及河北、河南、山西、内蒙古。

短叶假木贼 | *Anabasis brevifolia* C. A. Mey. 藜科 / 假木贼属 *Anabasis*

半灌木，高5~20厘米。小枝灰白色，通常具环状裂隙；当年枝黄绿色，大多成对发自小枝顶端，通常具4~8节间。叶半圆柱状条形，长3~8毫米，开展并向下弧曲，先端有半透明的短刺尖；近基部的叶宽三角形，贴伏于枝。花单生叶腋；小苞片卵形；花被片卵形，长约2.5毫米，果时背面具杏黄色或紫红色膜质翅。胞果卵形至宽卵形，长约2毫米，黄褐色。

见于戈壁、砾质黏土山坡、冲积扇。分布于我国西北地区。

中亚滨藜 | *Atriplex centralasiatica* Iljin 藜科 / 滨藜属 *Atriplex*

一年生草本，高15~30厘米。茎自基部分枝；枝钝四棱形。叶有短柄或近无柄；叶片卵状三角形至菱状卵形，长2~3厘米，宽1~2.5厘米，边缘具疏锯齿，近基部的1对锯齿较大而呈裂片状，或仅有1对浅裂片而其余部分全缘，叶下面灰白色，有密粉。花集成腋生团伞花序；雌花的苞片近半圆形，果时近基部的中心部鼓胀并木质化，表面具多数疣状或肉棘状附属物，边缘具不等大的三角形牙齿。胞果扁平，宽卵形或圆形。

见于戈壁、荒地及盐土荒漠。分布于我国东北、西北地区及河北、山西。

西伯利亚滨藜 | *Atriplex sibirica* Linn. 藜科/滨藜属 *Atriplex*

一年生草本，高20~50厘米。枝钝四棱形，被粉。叶片卵状三角形至菱状卵形，长3~5厘米，宽1.5~3厘米，边缘具疏锯齿，近基部的1对齿较大而呈裂片状，或仅有1对浅裂片而其余部分全缘，叶下面灰白色，有密粉；叶柄长3~6毫米。团伞花序腋生；雌花的苞片连合成筒状，仅顶缘分离，果时鼓胀，木质化，表面具多数不规则的棘状突起，顶缘牙齿状。胞果扁平，卵形或近圆形。

见于盐碱荒漠、湖边、渠沿及固定沙丘等处。分布于我国东北和西北地区。

雾滨藜 | *Bassia dasyphylla* (Fisch. et Mey.) O. Kuntze 藜科/雾冰藜属 *Bassia*

一年生草本，高3~50厘米。茎密被水平伸展的长柔毛；分枝多，开展。叶互生，肉质，圆柱状或半圆柱状条形，密被长柔毛，长3~15毫米，宽1~1.5毫米。花两性，单生或两朵簇生，通常仅一花发育。花被筒密被长柔毛，果时花被背部具5个钻状附属物，三棱状，平直，坚硬，形成一平展的五角星状。果实卵圆状。

见于流动沙丘、平坦沙地、半固定和固定沙丘、盐碱地、戈壁。分布于我国东北、西北和华北地区。

藜 | *Chenopodium album* Linn. 藜科/藜属 *Chenopodium*

一年生草本，高30~150厘米。茎具条棱及绿色或紫红色色条，多分枝。叶片菱状卵形至宽披针形，长3~6厘米，宽2.5~5厘米，边缘具不整齐锯齿；叶柄与叶片近等长，或为叶片长度的1/2。花两性，簇生于枝上部排列成或大或小的窄圆锥状或圆锥状花序。果皮与种子贴生。种子横生，双凸镜状，黑色，有光泽。

见于路旁、荒地及低湿地。分布于全国各地。

灰绿藜 | *Chenopodium glaucum* Linn. 藜科/藜属 *Chenopodium*

一年生草本，高20~40厘米。茎具条棱及绿色或紫红色色条。叶片矩圆状卵形至披针形，长2~4厘米，宽6~20毫米，肥厚，边缘具缺刻状牙齿，下面有粉而呈灰白色；中脉明显；叶柄长5~10毫米。花两性兼有雌性，通常数花聚成团伞花序，再于分枝上排列成有间断的穗状或圆锥状花序；花被裂片3~4，浅绿色。胞果顶端露出于花被外。

见于荒地、潮湿地、轻度盐渍化土壤。分布于我国东北、华北、西北、华东和华中地区。

杂配藜 | *Chenopodium hybridum* Linn. 藜科 / 藜属 *Chenopodium*

一年生草本，高40~120厘米。茎粗壮，具淡黄色或紫色条棱。叶片宽卵形至卵状三角形，长6~15厘米，宽5~13厘米，边缘掌状浅裂；裂片2~3对，不等大，轮廓略呈五角形；上部叶较小，多呈三角状戟形，边缘具较少数的裂片状锯齿，有时几全缘；叶柄长2~7厘米。花两性兼有雌性，通常数个团集，在分枝上排列成开散的圆锥状花序；花被裂片5。胞果双凸镜状。

见于荒地和杂草地。分布于我国华北和西北地区。

绳虫实 | *Corispermum declinatum* Stephan ex Iljin 藜科 / 虫实属 *Corispermum*

一年生草本，高15~50厘米。分枝较多，最下部者较长，余者较短。叶条形，长2~3(~6)厘米，宽2~3毫米，先端具小尖头，1脉。穗状花序顶生和侧生，细长，稀疏，长5~15厘米，直径约0.5厘米，圆柱形；苞片较狭，长0.5~3厘米，宽2~3毫米；花被片1，稀3；雄蕊1(~3)。果实无毛，倒卵状矩圆形，长3~4毫米，宽约2毫米；果喙长约0.5毫米；果翅窄或几近于无翅，全缘或具不规则的细齿。

见于沙质荒地、路旁和河滩。分布于辽宁、内蒙古、河北、山西、河南、陕西、甘肃、新疆。

蒙古虫实 | *Corispermum mongolicum* Iljin

藜科 / 虫实属 *Corispermum*

一年生草本，高10~35厘米。分枝多集中于基部，最下部分枝较长，上部分枝较短。叶条形或倒披针形，长1.5~2.5厘米，宽0.2~0.5厘米，1脉。穗状花序顶生和侧生，细长，稀疏，圆柱形，长3~6厘米；苞片条状披针形至卵形，长5~20毫米，宽约2毫米，被毛，全部掩盖果实；花被片1，顶端具不规则的细齿；雄蕊1~5，超过花被片。果实较小，广椭圆形；果喙极短；翅极窄，几近无翅。

见于沙质戈壁、固定沙丘或沙质草原。分布于内蒙古、宁夏、甘肃、新疆。

碟果虫实 | *Corispermum patelliforme* Iljin

藜科 / 虫实属 *Corispermum*

一年生草本，高10~45厘米。分枝多，集中于中上部。叶长椭圆形或倒披针形，长1.2~4.5厘米，宽0.5~1厘米，先端具小尖头，3脉。穗状花序圆柱状，具密集的花。花序中上部的苞片卵形和宽卵形，少数下部的苞片宽披针形，长0.5~1.5厘米，宽3~7毫米，果期苞片掩盖果实；花被片3；雄蕊5。果实圆形，直径2.6~4毫米，扁平；果翅极狭，向腹面反卷；果喙不显。

见于流动沙丘或干燥的丘间低地。分布于甘肃、青海、宁夏、内蒙古。

白茎盐生草 | *Halogeton arachnoideus* Moq. 藜科 / 盐生草属 *Halogeton*

一年生草本，高10~40厘米。茎自基部分枝；枝互生，灰白色，幼时生蛛丝状毛，以后脱落。叶片圆柱形，长3~10毫米，宽1.5~2毫米。花通常2~3朵簇生叶腋；小苞片卵形，边缘膜质；花被片宽披针形，膜质，果时自背面的近顶部生翅；翅5，半圆形，膜质透明。胞果，果皮膜质。

见于干旱山坡、砂地和河滩。分布于我国西北地区和山西、内蒙古。

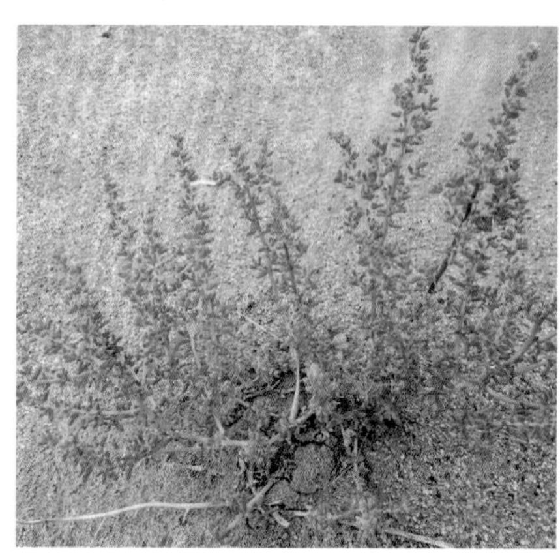

梭梭（琐琐）| *Haloxylon ammodendron* (C. A. Mey.) Bunge 藜科 / 梭梭属 *Haloxylon*

小乔木，高1~9米。树皮灰白色；老枝灰褐色或淡黄褐色，通常具环状裂隙；当年枝细长，斜升或弯垂，节间长4~12毫米。叶鳞片状，宽三角形，腋间具棉毛。花着生于二年生枝的侧生短枝上；小苞片舟状，宽卵形；花被片矩圆形，背面先端之下1/3处生翅状附属物；翅状附属物肾形至近圆形，宽5~8毫米，边缘波状或啮蚀状；花被片在翅以上部分稍内曲并围抱果实。胞果黄褐色；胚盘旋成陀螺状。

见于沙丘间低地、干河床、湖盆边缘、山前平原或石质砾石地、盐碱土荒漠、河边沙地等处。分布于我国西北地区。

尖叶盐爪爪 | *Kalidium cuspidatum* (Ung.-Sternb.) Grub. 藜科/盐爪爪属 *Kalidium*

小灌木，高20~40厘米。枝灰褐色，小枝黄绿色。叶片卵形，长1.5~3毫米，宽1~1.5毫米，顶端急尖，稍内弯，基部半抱茎，下延。花序穗状，生于枝条的上部，长5~15毫米，直径2~3毫米；花排列紧密，每一苞片内有3朵花；花被合生，上部扁平成盾状，盾片五角形，具狭窄的翅状边缘。胞果近圆形，果皮膜质。

见于盐湖边及盐碱滩地。分布于我国西北地区，以及河北和内蒙古。

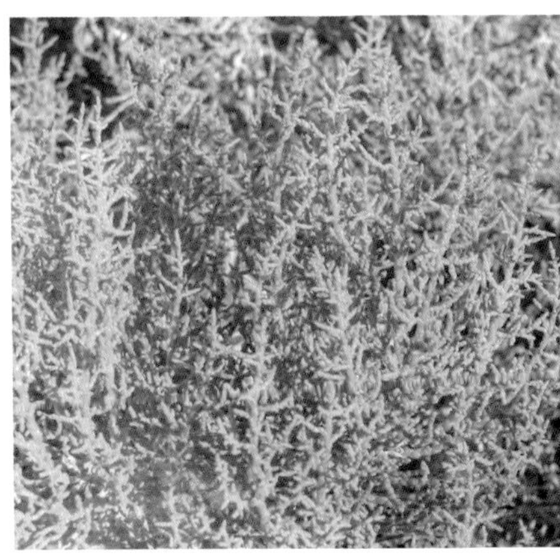

黄毛头 | *Kalidium cuspidatum* (Ung.-Sternb.) Grub. var. *sinicum* A. J. Li 藜科/盐爪爪属 *Kalidium*

与尖叶盐爪爪的区别：枝条密集；叶片较小，长1~1.5毫米。

见于山前洪积扇、戈壁、干山坡、丘陵和低山。分布于我国西北地区。

盐爪爪 | *Kalidium foliatum* (Pall.) Moq. 藜科/盐爪爪属 *Kalidium*

小灌木，高20~50厘米。多分枝；枝灰褐色，小枝黄绿色。叶片圆柱状，伸展或稍弯，灰绿色，长4~10毫米，宽2~3毫米，顶端钝，基部下延，半抱茎。花序穗状，无柄，长8~15毫米，直径3~4毫米，每3朵花生于1鳞状苞片内；花被合生，上部扁平成盾状，盾片宽五角形，周围有狭窄的翅状边缘。

见于盐湖边、盐碱地和盐化沙地。分布于我国东北和西北地区。

细枝盐爪爪 | *Kalidium gracile* Fenzl 藜科/盐爪爪属 *Kalidium*

小灌木，高20~50厘米。多分枝；老枝灰褐色，小枝纤细，黄褐色。叶瘤状，黄绿色，顶端钝，基部狭窄，下延。穗状花序长圆柱形，细弱，长1~3厘米，直径约1.5毫米，每一苞片内生1朵花；花被合生，上部扁平成盾状，顶端有4个膜质小齿。

见于河谷碱地、芨芨草滩及盐湖边。分布于我国西北地区。

圆叶盐爪爪 | *Kalidium schrenkianum* Bunge ex Ung.-Sternb. 藜科/盐爪爪属 *Kalidium*

小灌木，高10~25厘米。枝外倾，灰褐色，有纵裂纹，小枝纤细，密集，带白色。叶片瘤状，顶端圆钝，基部半包茎，下延，小枝上的叶片基部狭窄，倒圆锥状。穗状花序圆柱形、卵形或近于球形，长3~8毫米，直径1.5~3毫米；每3朵花生于一苞片内；花被上部扁平成盾状，盾片五角形。

见于盐碱地和盐湖边。分布于新疆、甘肃。

黑翅地肤 | *Kochia melanoptera* Bunge 藜科/地肤属 *Kochia*

一年生草本，高15~40厘米。多分枝，有条棱及不明显的色条；枝上有柔毛。叶圆柱状或近棍棒状，长0.5~2厘米，宽0.5~0.8毫米，蓝绿色，有短柔毛，有很短的柄。花两性，1~3个簇生叶腋；花被近球形，带绿色，有短柔毛；花被附属物3个较大，翅状，平展，2个较小，钻状。胞果具厚膜质果皮。

见于山坡、沟岸、河床、荒地、沙地。分布于我国西北地区。

地肤（扫帚菜）| *Kochia scoparia* (Linn.) Schrad. 藜科 / 地肤属 *Kochia*

一年生草本，高50~100厘米。茎有多数条棱；分枝稀疏。叶披针形或条状披针形，长2~5厘米，宽3~7毫米，无毛或稍有毛，边缘疏生缘毛；茎上部叶较小，无柄。花两性或雌性，通常1~3个生于上部叶腋，构成疏穗状圆锥状花序；花被近球形，淡绿色；翅端附属物三角形至倒卵形，有时近扇形，膜质，边缘微波状或具缺刻。胞果扁球形。

见于田边、荒地、村旁。分布于全国各地。

驼绒藜 | *Krascheninnikovia ceratoides* (Linn.) Gueldenst. 藜科 / 驼绒藜属 *Krascheninnikovia*

灌木，高10~100厘米。叶较小，条形、条状披针形、披针形或矩圆形，长1~5厘米，宽0.2~1厘米，1脉，有时近基处有2条侧脉。雄花序较短，长达4厘米，紧密；雌花管椭圆形，长3~4毫米，宽约2毫米，花管裂片角状，长为管长的1/3到等长。果直立，椭圆形，被毛。

见于戈壁、石质和碎石山坡、干河床或草地。分布于我国西北地区及西藏。

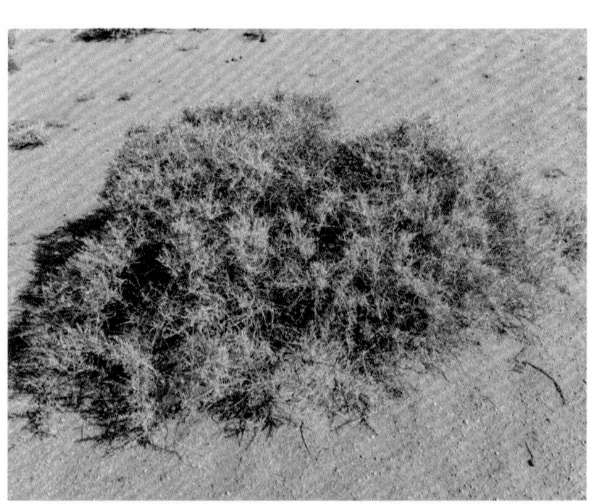

猪毛菜 | *Salsola collina* Pall. 藜科/猪毛菜属 *Salsola*

一年生草本，高20~100厘米。枝互生，绿色，有白色或紫红色条纹，生短硬毛或近于无毛。叶片圆柱形，长2~5厘米，宽0.5~1.5毫米，生短硬毛，顶端有刺状尖，基部稍扩展而下延。花序穗状，生枝条上部；苞片卵形，小苞片狭披针形，均有刺状尖，且与花序轴紧贴；花被片卵状披针形，膜质，果时变硬，自背面中上部生鸡冠状突起。

见于沙地、土质山坡、戈壁滩、荒地。分布于我国东北、华北、西北、西南地区及西藏、河南、山东、江苏。

松叶猪毛菜 | *Salsola laricifolia* Turcz. ex Litv. 藜科/猪毛菜属 *Salsola*

小灌木，高40~90厘米。多分枝；老枝黑褐色，小枝乳白色。叶互生，老枝上的叶簇生于短枝顶端，叶片半圆柱状，长1~2厘米，宽1~2毫米，肥厚，基部扩展而稍隆起，扩展处的上部溢缩成柄状。花序穗状；苞片叶状；小苞片宽卵形；花被片长卵形，淡绿色，果时自背面中下部生翅；翅3个较大，2个较小；花被片在翅以上部分向中央聚集成圆锥体。

见于石质、沙质山坡、沙丘、砾质荒漠。分布于我国西北地区。

珍珠猪毛菜 | *Salsola passerina* Bunge 藜科/猪毛菜属 *Salsola*

半灌木，高15~30厘米。植株密生“丁”字毛；老枝木质，灰褐色；小枝草质，黄绿色，短枝缩短成球形。叶片锥形或三角形，长、宽约2毫米，基部扩展，背面隆起，通常早落。花序穗状，生于枝条上部；苞片卵形；小苞片宽卵形；花被片长卵形，果时自背面中部生翅；翅3个较大为肾形，2个较小为倒卵形；花被片在翅以上部分生丁字毛，向中央聚集成圆锥体，在翅以下部分无毛。

见于山坡、山前平原，砾质滩地。分布于我国西北地区。

刺沙蓬 | *Salsola tragus* Linn. 藜科/猪毛菜属 *Salsola*

一年生草本，高30~100厘米。茎自基部分枝，有白色或紫红色条纹。叶片半圆柱形或圆柱形，无毛或有短硬毛，长1.5~4厘米，宽1~1.5毫米，顶端有刺状尖，基部扩展。花序穗状，生于枝条上部；苞片长卵形；小苞片卵形；花被片长卵形，膜质，果时变硬，自背面中部生翅；翅3个较大，肾形或倒卵形，2个较狭窄；花被片在翅以上部分向中央聚集，包覆果实。

见于河谷砂地，砾质戈壁。分布于我国东北、华北、西北地区，及西藏、山东、江苏。

角果碱蓬 | *Suaeda corniculata* (C. A. Mey.) Bunge 藜科/碱蓬属 *Suaeda*

一年生草本，高15~60厘米。茎圆柱形，微弯曲，具条棱。叶半圆柱状条形，长1~2厘米，宽0.5~1毫米，基部稍缢缩，无柄。团伞花序具3~6花，于分枝上排列成穗状花序；花两性兼有雌性；花被5深裂，裂片大小不等，果时背面向外延伸增厚呈不等大的角状突出。胞果扁，圆形。

见于盐碱土荒漠、湖边、河滩。分布于我国东北和西北地区，以及内蒙古、河北。

碱蓬 | *Suaeda glauca* (Bunge) Bunge 藜科/碱蓬属 *Suaeda*

一年生草本，高可达1米。茎粗壮，圆柱形，有条棱；枝细长。叶丝状条形，半圆柱状，长1.5~5厘米，宽约1.5毫米。花两性兼有雌性，单生或2~5朵团集于叶的近基部；两性花花被杯状，黄绿色；雌花花被近球形，灰绿色；花被裂片卵状三角形，果时增厚呈五角星状。胞果包在花被内。

见于盐碱地、湿沙地、荒地、渠岸。分布于我国西北地区，以及浙江、江苏。

阿拉善碱蓬 | *Suaeda przewalskii* Bunge 藜科/碱蓬属 *Suaeda*

一年生草本，高20~40厘米，植株绿色或带紫红色。茎多条，平卧或外倾，圆柱状，有分枝；枝细瘦。叶略呈倒卵形，肉质，长10~15毫米，宽约5毫米，先端钝圆，无柄或近无柄。团伞花序含3~10花，生叶腋和腋生短枝上；花两性兼有雌性；小苞片全缘；花被近球形，5深裂；裂片宽卵形，果时背面基部向外延伸出不等大的横狭翅。胞果为花被所包覆。

见于沙丘间、湖边、低洼盐碱地等处。分布于宁夏、甘肃西部。

合头草 | *Sympegma regelii* Bunge 藜科/合头草属 *Sympegma*

半灌木，高可达1.5米。老枝多分枝；当年生枝灰绿色，具多数单节间的腋生小枝；小枝基部具关节，易断落。叶长4~10毫米，宽约1毫米，先端急尖，基部收缩。花两性，通常1~3个簇生于小枝的顶端，花簇下具1对基部合生的苞状叶，状如头状花序；花被片直立，草质；翅宽卵形至近圆形，不等大，淡黄色。胞果两侧稍扁，圆形，果皮淡黄色。

见于沙地、低山、石质山坡、土质平原和山前洪积扇。分布于我国西北地区。

反枝苋 | *Amaranthus retroflexus* Linn. 苋科/苋属 *Amaranthus*

一年生草本，高20~80厘米或更高。茎粗壮，有时具紫色条纹，密生短柔毛。叶片菱状卵形或椭圆状卵形，长5~12厘米，宽2~5厘米，全缘或边缘波状，两面及边缘有柔毛，下面毛较密；叶柄长1.5~5.5厘米。多数穗状花序组成圆锥花序，顶生及腋生，直径2~4厘米；苞片及小苞片钻形，背面有1龙骨状突起，伸出顶端成白色尖芒；花被片矩圆形，白色。胞果扁卵形，长约1.5毫米。

见于农田旁、人居环境周围。分布于我国东北、西北、华北和华中地区。

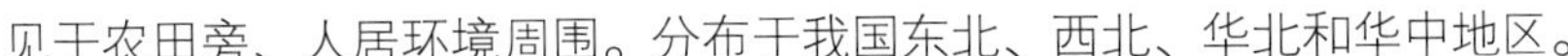

裸果木 | *Gymnocarpos przewalskii* Bunge ex Maxim. 石竹科/裸果木属 *Gymnocarpos*

亚灌木状，高20~100厘米。茎曲折，多分枝；树皮灰褐色，剥裂；嫩枝赭红色，节膨大。叶几无柄，叶片线形，略成圆柱状，长5~10毫米，宽1~1.5毫米，顶端具短尖头；托叶膜质，透明，鳞片状。聚伞花序腋生；苞片白色，膜质，透明，宽椭圆形；花小，不显著。瘦果包于宿存萼内。

见于干河床、戈壁滩、砾石山坡。分布于我国西北地区。

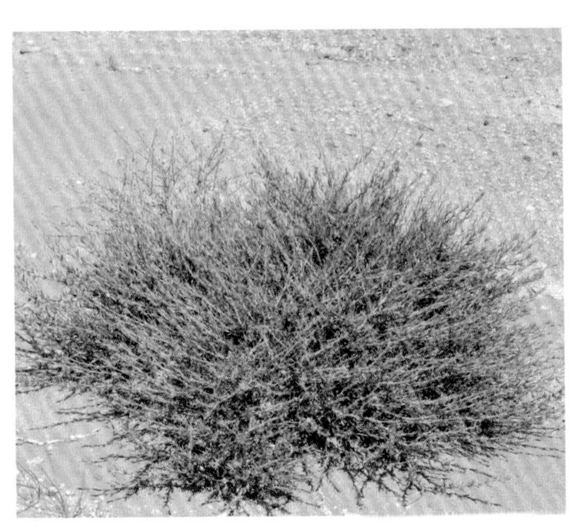

拟漆姑 | *Spergularia marina* (Linn.) Griseb. 石竹科／拟漆姑属 *Spergularia*

一年生草本，高10~30厘米。茎丛生，铺散，多分枝，上部密被柔毛。叶片线形，长5~30毫米，宽1~1.5毫米，顶端具凸尖；托叶宽三角形，膜质。花集生于茎顶或叶腋，成总状聚伞花序，果时下垂；萼片卵状长圆形，外面被腺柔毛，具白色宽膜质边缘；花瓣淡粉紫色或白色，卵状长圆形，长约2毫米。蒴果卵形，长5~6毫米，3瓣裂。

见于沙质轻度盐地、盐化草甸以及河边、湖畔、水边等湿润处。分布于我国东北、西北、华东、西南地区。

灰叶铁线莲 | *Clematis tomentella* (Maxim.) W. T. Wang & L. Q. Li 毛茛科／铁线莲属 *Clematis*

直立小灌木，高达1米。枝有棱，带红褐色，老枝灰色。单叶对生或数叶簇生；叶片灰绿色，革质，狭披针形或长椭圆状披针形，长1~4厘米，宽2~8毫米，全缘，偶尔基部有1~2牙齿或小裂片，两面有细柔毛；叶柄长2~5毫米，或近无柄。花单生或聚伞花序有3花，腋生或顶生；花梗长0.6~2.5厘米；萼片4，斜上展呈钟状，黄色，长椭圆状卵形，长1.2~2厘米，两面被毛。瘦果密生白色长柔毛。

见于山地、沙地及沙丘低洼地带。分布于我国西北地区。

黄花铁线莲 | *Clematis intricata* Bunge 毛茛科/铁线莲属 *Clematis*

草质藤本。多分枝，有细棱。一至二回羽状复叶；小叶有柄，2~3全裂、深裂或浅裂，中间裂片线状披针形至狭卵形，长1~4.5厘米，宽0.2~1.5厘米，全缘或有少数牙齿，两侧裂片较短，下部常2~3浅裂。聚伞花序腋生，具3花；萼片4，黄色，狭卵形或长圆形，长1.2~2.2厘米，宽4~6毫米。瘦果卵形至椭圆状卵形，被柔毛，宿存花柱长3.5~5厘米，被长柔毛。

见于山坡、路旁或灌丛。分布于青海、甘肃、陕西、山西、河北、辽宁、内蒙古。

长叶碱毛茛 | *Halerpestes ruthenica* (Jacq.) Ovcz. 毛茛科/碱毛茛属 *Halerpestes*

多年生草本。匍匐茎长达30厘米以上。叶簇生；叶片卵状或椭圆状梯形，长1.5~5厘米，宽0.8~2厘米，顶端有3~5个圆齿；叶柄长2~14厘米，基部有鞘。花葶高10~20厘米，单一或上部分枝，有1~3花，生疏短柔毛；苞片线形，长约1厘米；花直径约1.5厘米；萼片5，卵形；花瓣黄色，6~12枚，倒卵形，长0.7~1厘米。聚合果卵球形，长8~12毫米，宽约8毫米；瘦果极多，喙短而直。

见于盐碱沼泽地或湿草地。分布于我国西北、华北、东北地区。

碱毛茛(水葫芦苗、圆叶碱毛茛) | *Halerpestes sarmentosa* (Adams) Kom. & Alissova 毛茛科/碱毛茛属 *Halerpestes*

多年生草本。匍匐茎细长，横走。叶片近圆形、肾形、宽卵形，长0.5~2.5厘米，宽稍大于长，基部圆心形、截形或宽楔形，边缘有3~7(~11)个圆齿，有时3~5裂；叶柄长2~12厘米。花葶1~4条，高5~15厘米；苞片线形；花小，直径6~8毫米；萼片卵形，反折；花瓣5，狭椭圆形。聚合果椭圆球形，直径约5毫米；瘦果小而极多，喙极短，呈点状。

见于盐碱性沼泽地或湖边。分布于我国西北、西南、东北、华北地区。

灰绿黄堇 | *Corydalis adunca* Maxim. 罂粟科/黄堇属 *Corydalis*

多年生灰绿色丛生草本，高20~60厘米。基生叶高达茎的1/2~2/3，具长柄，叶片狭卵圆形，二回羽状全裂，一回羽片4~5对，二回羽片1~2对，近无柄，3深裂，有时裂片2~3浅裂，末回裂片顶端具短尖；茎生叶与基生叶同形，上部的具短柄，近一回羽状全裂。总状花序长3~15厘米，多花，常较密集；苞片狭披针形；萼片卵圆形；花黄色，外花瓣顶端兜状，具短尖，距约占花瓣全长的1/4~1/3，末端圆钝，下花瓣舟状内凹，内花瓣具鸡冠状突起。蒴果长圆形，长约1.8厘米，宽2.5毫米，具长约5毫米的花柱和1列种子。

见于干旱山地、河滩地或石缝中。分布于我国西北地区，以及内蒙古、四川、西藏。

灰毛庭荠（燥原荠）| *Alyssum canescens* DC.

十字花科/庭荠属 *Alyssum*

半灌木，基部木质化，高5~30(~40)厘米，密被毛，植株灰绿色。叶密生，条形或条状披针形，长7~15毫米，宽0.7~1.2毫米，全缘。花序伞房状，果期极伸长；外轮萼片宽于内轮萼片，有白色边缘并有星状缘毛；花瓣白色，宽倒卵形，长3~5毫米，宽2~3.5毫米，顶端钝圆，基部渐窄成爪。短角果卵形，长3~5毫米，宽2~3毫米；花柱宿存，长约2毫米。

见于干燥石质山坡、草地。分布于我国西北、华北地区，以及黑龙江、西藏。

毛果群心菜 | *Cardaria pubescens* (C. A. Mey.) Jarm.

十字花科/群心菜属 *Cardaria*

多年生草本。茎直立，多分枝。基生叶有柄，倒卵状匙形，具波状齿，花时枯萎；茎生叶倒卵形至披针形，基部心形抱茎，疏生尖锐波状齿或近全缘，两面有柔毛。总状花序伞房状，成圆锥花序，有柔毛；花瓣白色。短角果球形或近圆形；花柱长1.5毫米。

见于水边、田边、村庄、路旁。分布于我国西北地区。

扭果花旗杆 | *Dontostemon elegans* Maxim. 十字花科 / 花旗杆属 *Dontostemon*

多年生草本，高15~40厘米。茎下部少叶；上部叶互生，肉质，宽披针形至宽线形，长1.5~4厘米，宽2~10毫米，全缘，基部下延，近无柄。总状花序顶生，具多花；萼片长椭圆形至宽披针形，背面被毛，边缘膜质；花瓣蓝紫色至玫瑰红色，倒卵形至宽楔形，长8~15毫米，宽2~3毫米，具紫色脉纹，基部下延成宽爪。长角果光滑，带状，长3~5厘米，宽约2毫米，压扁，扭曲或卷曲。

见于砂砾质戈壁滩、荒漠、洪积平原、山间盆地及干河床沙地。分布于甘肃西北部及新疆。

芝麻菜 | *Eruca vesicaria* (Linn.) Cavan. subsp. *sativa* (Mill.) Thell. 十字花科 / 芝麻菜属 *Eruca*

一年生草本，高20~90厘米。基生叶及下部叶大头羽状分裂或不裂，长4~7厘米，宽2~3厘米，顶裂片近圆形或短卵形，有细齿，侧裂片卵形或三角状卵形，全缘；叶柄长2~4厘米；上部叶无柄，具1~3对裂片。总状花序有多数疏生花；花直径1~1.5厘米；萼片长圆形，长8~10毫米，带棕紫色，外面有蛛丝状长柔毛；花瓣黄色，有紫纹，短倒卵形，长1.5~2厘米。长角果圆柱形，长2~3厘米。

见于村旁、田边。分布于黑龙江、辽宁、内蒙古、河北、山西、陕西、甘肃、青海、新疆、四川。

独行菜 | *Lepidium apetalum* Willd. 十字花科/独行菜属 *Lepidium*

一年或二年生草本，高5~30厘米。茎直立，有分枝。基生叶窄匙形，一回羽状浅裂或深裂，长3~5厘米，宽1~1.5厘米；叶柄长1~2厘米；茎上部叶线形，有疏齿或全缘。总状花序在果期可延长至5厘米；萼片早落，卵形，长约0.8毫米；花瓣不存或退化成丝状，比萼片短。短角果近圆形，扁平，径约2毫米，顶端微缺，上部有短翅。

见于山坡、山沟、路旁及村庄附近。分布于我国东北、华北、西北、西南、华东地区。

心叶独行菜 | *Lepidium cordatum* Willd. ex Stev. 十字花科/独行菜属 *Lepidium*

多年生草本，高15~40厘米。茎直立，从基部分枝。基生叶倒卵形，羽状分裂；茎生叶多数，密生，近革质，长圆形，长5~30毫米，宽2~10毫米，顶端骤急尖，基部心形或箭形，抱茎，边缘有不显著小齿或全缘，无叶柄。总状花序成圆锥状或伞房状。短角果圆形或宽卵形，直径2~2.5毫米，无翅，基部心形，具短花柱。

见于盐化草甸或盐化低地。分布于我国西北地区。

宽叶独行菜 | *Lepidium latifolium* Linn.

十字花科/独行菜属 *Lepidium*

多年生草本，高30~150厘米。茎上部多分枝。基生叶及茎下部叶革质，长圆披针形或卵形，长3~6厘米，宽3~5厘米，全缘或有牙齿，两面有柔毛；叶柄长1~3厘米；茎上部叶披针形或长圆状椭圆形，长2~5厘米，宽5~15毫米，无柄。总状花序圆锥状；萼片脱落；花瓣白色，倒卵形，长约2毫米。短角果宽卵形或近圆形，长1.5~3毫米，有柔毛，花柱极短。

见于村旁、田边、山坡及盐化草甸。分布于我国西北、东北、华北、西南地区，以及河南、山东。

钝叶独行菜 | *Lepidium obtusum* Basin.

十字花科/独行菜属 *Lepidium*

多年生草本，高70~100厘米，灰蓝色。叶革质，长圆形，长1.5~12厘米，宽3~20毫米，基部渐狭，全缘或边缘稍有1~2锯齿，两面无毛；无柄或近无柄。总状花序在果期成头状；萼片宿存，卵形，长约1毫米；花瓣白色，倒卵形，长约2毫米。短角果宽卵形，长、宽各1.5~2毫米，基部心形，柱头宿存。

见于草地、田边、戈壁滩、荒地。分布于我国西北地区。

柱毛独行菜 | *Lepidium ruderale* Linn. 十字花科 / 独行菜属 *Lepidium*

一年或二年生草本，高5~30厘米。多分枝，具短柱状毛。基生叶二回羽状分裂，长4.5~5厘米，裂片宽线形，宽约1毫米，边缘有柱状毛；叶柄长1~2厘米；茎生叶无柄，线形，长1~2厘米，边缘有少数锯齿或全缘。总状花序在果期延长；萼片窄卵状披针形，长约0.5毫米；无花瓣。短角果卵形或近圆形，长2~2.5毫米，扁平，无毛，花柱极短。

见于沙地或草地。分布于我国西北、东北地区，以及山东、河南、湖北。

涩荠 | *Malcolmia africana* (Linn.) R. Brown 十字花科 / 涩荠属 *Malcolmia*

二年生草本，高8~35厘米，密生单毛或叉状硬毛。多分枝，有棱角。叶长圆形至近椭圆形，长1.5~8厘米，宽5~18毫米，顶端有小短尖，边缘有波状齿或全缘；叶柄长5~10毫米或近无柄。总状花序有10~30朵花，疏松排列，果期长达20厘米；花瓣紫色或粉红色，长8~10毫米。长角果线圆柱形，长3.5~7厘米，宽1~2毫米，近4棱，密生分叉毛或刚毛。

见于荒地或田间。分布于我国西北地区，以及河北、山西、河南、安徽、江苏、四川。

短果小柱芥 | *Microstigma brachycarpum* Botsch.

十字花科/小柱芥属 *Microstigma*

一年生草本，高10~25厘米，全体密被具柄的分枝毛及散生有柄的腺毛。茎直立，单一或上部分枝。叶稍厚，有短柄；叶片披针形或倒披针形，长2~3厘米，宽1.5~9毫米，下部叶片的边缘具疏齿，上部的全缘。总状花序顶生，花多数，花梗短，果期增粗而下弯；萼片直立紧闭，长圆形；花瓣白色或淡黄色，线形或倒披针形，长10~12毫米，宽1~2毫米，边缘波状。角果悬垂，卵形而弯曲，长10~12毫米，宽3~3.5毫米，上部和下部之间缢缩，顶端有细柱状花柱。

见于干旱山坡。分布于甘肃。

蚓果芥 | *Neotorularia humilis* (C. A. Mey.) Hedge & J. Léonard

十字花科/念珠芥属 *Neotorularia*

多年生草本，高5~30厘米，被分叉毛。基生叶窄卵形，早枯；下部的茎生叶宽匙形至窄长卵形，长5~30毫米，宽1~6毫米，近无柄，全缘，或具2~3对明显或不明显的钝齿；中、上部的条形；最上部数叶常入花序而成苞片。花序呈紧密伞房状，果期伸长；萼片长圆形；花瓣倒卵形或宽楔形，白色，长2~3毫米，基部渐窄成爪。长角果筒状，长8~20（~30）毫米，略呈念珠状。

见于河滩、草地。分布于我国西北和华北地区。

斧翅沙芥 | *Pugionium dolabratum* Maxim. 十字花科/沙芥属 *Pugionium*

一年生草本，高60~100厘米。茎直立，多数缠结成球形，直径50~100厘米。茎下部叶二回羽状全裂至深裂，长7~12厘米，裂片线形；茎中部叶一回羽状全裂，长5~12厘米，裂片5~7，窄线形中、下部叶在花期枯萎；茎上部叶丝状线形，长3~5厘米，无叶柄。总状花序顶生，有时成圆锥花序；花梗长3~5毫米；萼片长圆形或倒披针形，长5~6毫米；花瓣浅紫色，线形或线状披针形，长12~15毫米，上部内弯。短角果近扁椭圆形，连翅长3~5厘米，宽4~8毫米，两侧翅大小不等，顶端有几个不整齐圆齿或尖齿，心室两面有齿状突起，并有数个长短不等的刺。

见于荒漠及半荒漠的沙地。分布于我国内蒙古、陕西、甘肃、宁夏。

蒙古扁桃 | *Amygdalus mongolica* (Maxim.) Ricker 蔷薇科/桃属 *Amygdalus*

灌木，高1~2米。多分枝，小枝顶端变成枝刺；嫩枝红褐色，被短柔毛。叶在短枝上簇生，在长枝上互生；叶片宽椭圆形至倒卵形，长8~15毫米，宽6~10毫米，叶缘有浅钝锯齿；叶柄短。花单生稀数朵簇生于短枝上；花梗极短；萼筒钟形；花瓣倒卵形，粉红色。果实宽卵球形，长12~15毫米，宽约10毫米，顶端具急尖头，外面密被柔毛；果梗短；果肉薄，成熟时开裂，离核。

见于低山丘陵坡麓、石质坡地及干河床。分布于内蒙古、甘肃、宁夏。

绵刺 | *Potaninia mongolica* Maxim. 蔷薇科/绵刺属 *Potaninia*

小灌木，高30~40厘米，各部有长绢毛。茎多分枝，灰棕色。复叶具3或5小叶，稀只有1小叶，长2毫米，宽约0.5毫米，先端急尖，全缘；叶柄坚硬，长1~1.5毫米，宿存成刺状；托叶卵形，长1.5~2毫米。花单生于叶腋，直径约3毫米；花梗长3~5毫米；花瓣卵形，白色或淡粉红色。瘦果长圆形，长2毫米，外有宿存萼筒。

见于砂质荒漠。分布于甘肃、内蒙古。

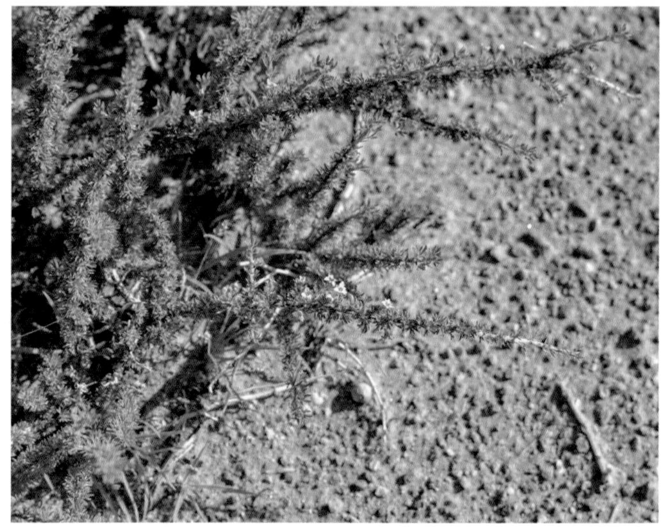

蕨麻（鹅绒委陵菜）| *Potentilla anserina* Linn. 蔷薇科/委陵菜属 *Potentilla*

多年生草本。有时在根的下部长成纺锤形或椭圆形块根。茎匍匐。基生叶为间断羽状复叶，有小叶6~11对，连叶柄长2~20厘米；小叶对生或互生，椭圆形、倒卵椭圆形或长椭圆形，长1~2.5厘米，宽0.5~1厘米，边缘有多数尖锐锯齿或呈裂片状，下面密被紧贴银白色绢毛；茎生叶小叶对数较少。单花腋生；花梗长2.5~8厘米；花直径1.5~2厘米；花瓣黄色，倒卵形。

见于河岸、路边、山坡草地及草甸。分布于我国东北、华北、西北、西南地区。

二裂委陵菜 | *Potentilla bifurca* Linn. 蔷薇科/委陵菜属 *Potentilla*

多年生草本或亚灌木。羽状复叶，有小叶5~8对，连叶柄长3~8厘米；叶柄密被毛；小叶片无柄，对生稀互生，椭圆形或倒卵椭圆形，长0.5~1.5厘米，宽0.4~0.8厘米，顶端常2裂，稀3裂，两面伏生疏柔毛。近伞房状聚伞花序，顶生，疏散；花直径0.7~1厘米；花瓣黄色，倒卵形，比萼片稍长。瘦果表面光滑。

见于田边、路旁、沙地、草地、黄土地、半干旱荒漠。分布于我国西北、华北地区，以及黑龙江、四川、西藏。

朝天委陵菜 | *Potentilla supina* Linn. 蔷薇科/委陵菜属 *Potentilla*

一年生或二年生草本。茎平展，叉状分枝。基生叶为羽状复叶，有小叶2~5对，连叶柄长4~15厘米；小叶互生或对生，无柄，长圆形或倒卵状长圆形，长1~2.5厘米，宽0.5~1.5厘米，边缘有圆钝或缺刻状锯齿；茎生叶小叶对数减少。花茎上多叶，下部花生叶腋，顶端呈伞房状聚伞花序；花梗长0.8~1.5厘米，常密被短柔毛；花瓣黄色，倒卵形，顶端微凹。瘦果长圆形，先端尖。

见于田边、荒地、河岸沙地、草甸、低湿地。分布于全国各地。

沙冬青 | *Ammopiptanthus mongolicus* (Maxim. ex Kom.) S. H. Cheng 豆科/沙冬青属 *Ammopiptanthus*

常绿灌木，高1.5~2米。茎多叉状分枝，具沟棱。3小叶，偶为单叶；叶柄长5~15毫米，密被灰白色短柔毛；小叶菱状椭圆形或阔披针形，长2~3.5厘米，宽6~20毫米，两面密被银白色绒毛，全缘。总状花序生枝端，花8~12朵密集；萼钟形，萼齿5；花冠黄色。荚果扁平，长5~8厘米，宽15~20毫米，无毛，先端锐尖，基部具8~10毫米果颈。

见于沙丘。分布于内蒙古、宁夏、甘肃。

荒漠黄耆（阿拉善黄耆）| *Astragalus grubovii* Sanchir 豆科/黄耆属 *Astragalus*

多年生草本，高10~20厘米。茎极短缩，多数丛生，被毡毛状半开展的白色毛。羽状复叶有11~27片小叶；叶柄较叶轴短；小叶宽椭圆形至近圆形，长5~15毫米，宽3~10毫米，两面被开展的白色毛。总状花序短缩，具多花，生于基部叶腋；花萼管状，长9~18毫米，被毡毛状白色毛，萼齿线形；花冠粉红色或紫红色。荚果卵形或卵状长圆形，微膨胀，先端渐尖成喙，密被白色长硬毛。

见于荒漠、沙地。分布于内蒙古、宁夏、甘肃。

斜茎黄耆（直立黄芪）| *Astragalus laxmannii* Jacq. 豆科 / 黄耆属 *Astragalus*

多年生草本，高20~100厘米。茎多数丛生，直立或斜上。羽状复叶有9~25片小叶，叶柄较叶轴短；小叶长圆形、近椭圆形或狭长圆形，长10~25（~35）毫米，宽2~8毫米。总状花序长圆柱状、穗状、稀近头状，生多数花，排列密集或较稀疏；花萼管状钟形，长5~6毫米，萼齿狭披针形；花冠近蓝色或红紫色。荚果长圆形，长7~18毫米，两侧稍扁，顶端具下弯的短喙，被黑色、褐色或和白色混生毛。

见于向阳山坡灌丛。分布于我国东北、华北、西北、西南地区。

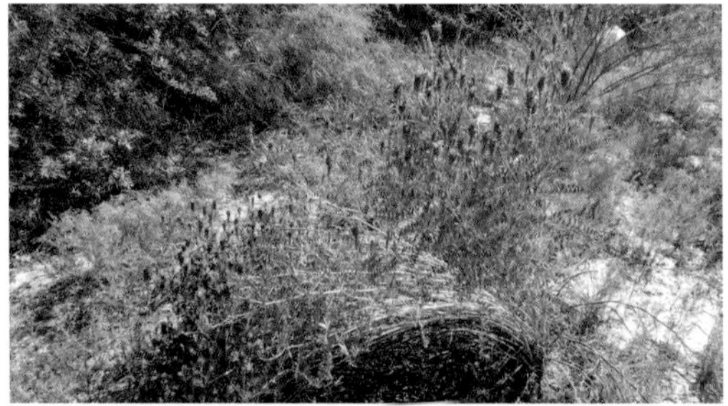

糙叶黄耆 | *Astragalus scaberrimus* Bunge 豆科 / 黄耆属 *Astragalus*

多年生草本，密被白色伏贴毛。地上茎极短，或伸长而匍匐。羽状复叶具7~15小叶，长5~17厘米；小叶椭圆形或近圆形，有时披针形，长7~20毫米，宽3~8毫米，两面密被伏贴毛。总状花序生3~5花；总花梗极短或长达数厘米，腋生；花萼管状，萼齿线状披针形；花冠淡黄色或白色。荚果披针状长圆形，长8~13毫米，宽2~4毫米，具短喙，密被白色伏贴毛。

见于石砾质草地、沙丘及砂地。分布于我国东北、华北、西北地区。

变异黄耆 | *Astragalus variabilis* Bunge 豆科/黄耆属 *Astragalus*

多年生草本，高10~20厘米，全体被灰白色伏贴毛。茎丛生，有分枝。羽状复叶具11~19小叶；小叶狭长圆形、倒卵状长圆形或线状长圆形，长3~10毫米，宽1~3毫米。总状花序生7~9花；花萼管状钟形，萼齿线状钻形；花冠淡紫红色或淡蓝紫色。荚果线状长圆形，两侧扁平，长10~20毫米，被白色伏贴毛。

见于荒漠地区的干涸河床砂质冲积土上。分布于内蒙古、宁夏、甘肃、青海。

矮脚锦鸡儿 | *Caragana brachypoda* Pojark.

矮灌木，高20~30厘米。树皮剥裂；小枝有条棱，短缩枝密。假掌状复叶有4片小叶；托叶和叶柄均宿存并硬化成针刺，短枝上叶无轴，簇生；小叶倒披针形，长2~10毫米，宽1~3毫米，先端有短刺尖，两面有短柔毛。花单生；花萼管状，基部偏斜成囊状凸起，长9~11毫米，萼齿卵状三角形；花冠黄色。荚果披针形，扁，长20~27毫米，宽约5毫米。

见于山前平原、低山坡和固定沙地。分布于内蒙古、宁夏、甘肃。

柠条锦鸡儿（柠条、毛条）| *Caragana korshinskii* Kom. 豆科/锦鸡儿属 *Caragana*

灌木，有时小乔状，高1~4米。老枝金黄色；嫩枝被白色柔毛。羽状复叶有6~8对小叶；托叶在长枝者硬化成针刺，长3~7毫米，宿存；小叶披针形或狭长圆形，长7~8毫米，宽2~7毫米，先端有刺尖，两面密被白色伏贴柔毛。花梗长6~15毫米；花萼管状钟形，长8~9毫米，密被伏贴短柔毛，萼齿三角形；花冠长20~23毫米。荚果扁，披针形，长2~2.5厘米，宽6~7毫米。

见于半固定和固定沙地。分布于内蒙古、宁夏、甘肃。

蒙古山竹子（蒙古岩黄耆、杨柴、踏郎）| *Corethrodendron fruticosum* (Pall.) B. H. Choi & H. Ohashi var. *mongolicum* (Turcz.) Turcz. ex Kitagawa 豆科/山竹子属 *Corethrodendron*

半灌木或小半灌木，高40~80厘米。茎直立，多分枝，幼枝被灰白色柔毛。叶长8~14厘米；小叶11~19枚，椭圆形或长圆形，长14~22毫米，宽3~6毫米，背面密被短柔毛。总状花序腋生，花序与叶近等高，具4~14朵花；花长15~21毫米；花萼钟状，长5~6毫米；花冠紫红色。荚果2~3节，无刺。

见于河边或古河道沙地。分布于内蒙古、甘肃。

红花山竹子（红花岩黄耆）| *Corethrodendron multijugum* (Maxim.) B. H. Choi & H. Ohashi

豆科/山竹子属 *Corethrodendron*

半灌木或仅基部木质化而呈草本状，高40~80厘米。茎具细条纹，密被灰白色短柔毛。叶长6~18厘米；小叶通常15~29枚；小叶片阔卵形、卵圆形，长5~8(~15)毫米，宽3~5(~8)毫米，下面被贴伏短柔毛。总状花序腋生，长达28厘米；花9~25朵，长16~21毫米；萼斜钟状，长5~6毫米，萼齿钻状或锐尖；花冠紫红色或玫瑰状红色。荚果2~3节，被短柔毛，边缘具较多的刺。

见于砾石质洪积扇、河滩、砾石质山坡和砾石河滩。分布于我国西北，以及四川、西藏、山西、内蒙古、河南和湖北。

细枝山竹子（细枝岩黄耆、花棒）| *Corethrodendron scoparium* (Fisch. & C. A. Mey.) Fisch. & Basin.

豆科/山竹子属 *Corethrodendron*

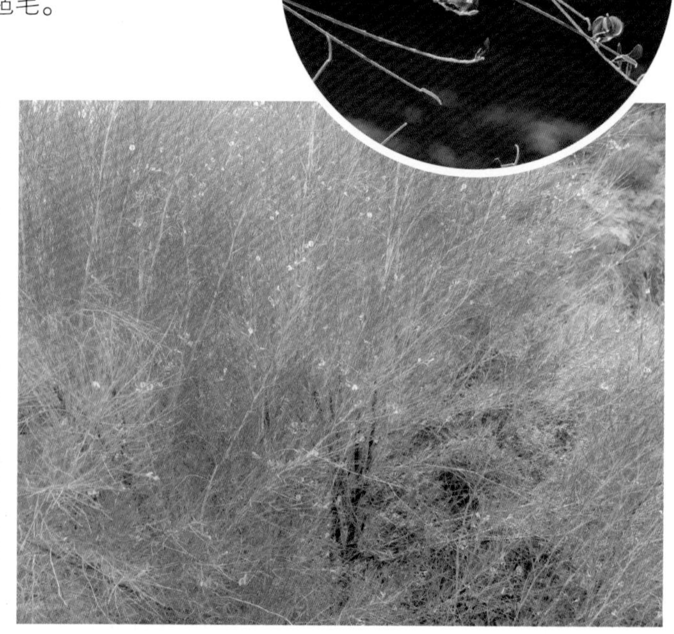

半灌木，高80~300厘米。茎下部叶具小叶7~11，上部的叶通常具小叶3~5枚，最上部的叶轴完全无小叶或仅具1枚顶生小叶；小叶线状长圆形或狭披针形，长15~30毫米，宽3~6毫米，无柄或近无柄，先端具短尖头，背面被较密的长柔毛。总状花序腋生；花少数，长15~20毫米；花萼钟状，长5~6毫米；花冠紫红色。荚果2~4节，具明显细网纹和白色密毡毛。

见于沙丘或沙地。分布于我国西北地区。

甘草（乌拉尔甘草）| *Glycyrrhiza uralensis* Fisch. 豆科/甘草属 *Glycyrrhiza*

多年生草本，高30~120厘米。根与根状茎粗状，外皮褐色，里面淡黄色，具甜味。茎直立，多分枝，全株密被鳞片状腺点、刺毛状腺体及白色或褐色的绒毛。羽状复叶长5~20厘米；小叶5~17枚，卵形至近圆形，长1.5~5厘米，宽0.8~3厘米，顶端具短尖，边缘全缘或微呈波状。总状花序腋生，具多数花；花冠紫色、白色或黄色，长10~24毫米。荚果弯曲呈镰刀状或呈环状，密集成球，密生瘤状突起和刺毛状腺体。

见于干旱沙地、河岸砂质地、山坡草地及盐渍化土壤中。分布于我国东北、华北、西北地区及山东。

铃铛刺（盐豆木）| *Halimodendron halodendron* (Pall.) Voss 豆科/铃铛刺属 *Halimodendron*

灌木，高50~200厘米。分枝密，具短枝；长枝有棱；当年生枝密被白色短柔毛。偶数羽状复叶具2~4枚小叶；叶轴呈针刺状；小叶倒披针形，长1.2~3厘米，宽6~10毫米，顶端有凸尖；小叶柄极短。总状花序生2~5花；花萼长5~6毫米，密被长柔毛；花冠粉红色。荚果长1.5~2.5厘米，宽0.5~1.2厘米，背腹稍扁，两侧缝线稍下凹，先端有喙，裂瓣通常扭曲。

见于盐化沙土和河流沿岸的盐质土上。分布于内蒙古西北部和新疆、甘肃。

细叶百脉根 | *Lotus tenuis* Waldst. & Kit. ex Willd. 豆科/百脉根属 *Lotus*

多年生草本，高20~100厘米。茎纤细，中空。羽状复叶具小叶5枚；小叶线形至长圆状线形，长12~25毫米，宽2~4毫米。伞形花序；总花梗纤细，长3~8厘米；花1~5朵，长8~13毫米；萼钟形，长5~6毫米；花冠黄色带细红脉纹。荚果圆柱形，长2~4厘米，径2毫米。

见于潮湿的沼泽地边缘或湖旁草地。分布于我国西北地区。

天蓝苜蓿 | *Medicago lupulina* Linn. 豆科/苜蓿属 *Medicago*

草本，全株被柔毛或腺毛。茎平卧或上升，多分枝。三出复叶；小叶倒卵形，长5~20毫米，宽4~16毫米，先端具细尖，边缘在上半部具不明显尖齿，两面均被毛。花序小头状，具花10~20朵；总花梗细，挺直，比叶长，密被贴伏柔毛；萼钟形，长约2毫米，密被毛，萼齿线状披针形；花冠黄色。荚果肾形，长3毫米，宽2毫米。

见于河岸、路边、田野。分布于全国各地。

白花草木犀（白香草木犀）| *Melilotus albus* Medikus 豆科/草木犀属 *Melilotus*

一年生或二年生草本，高70~200厘米。茎中空，多分枝。羽状三出复叶；托叶尖刺状锥形；小叶长圆形或倒披针状长圆形，长15~30厘米，宽4~12毫米，边缘疏生浅锯齿，顶生小叶稍大。总状花序长9~20厘米，腋生，具花40~100朵，排列疏松；花冠白色。荚果椭圆形至长圆形，长3~3.5毫米，先端具尖喙。

见于田边、路旁荒地及湿润的砂地。分布于我国东北、华北、西北及西南地区。

草木犀（黄香草木犀）| *Melilotus officinalis* (Linn.) Lam. 豆科/草木犀属 *Melilotus*

二年生草本，高40~100厘米。茎多分枝，具纵棱。羽状三出复叶；叶柄细长；小叶倒卵形至线形，长15~30毫米，宽5~15毫米，边缘具不整齐疏浅齿。总状花序长6~20厘米，腋生，具花30~70朵；苞片刺毛状；花长3.5~7毫米，花冠黄色。荚果卵形，长3~5毫米，宽约2毫米，先端具宿存花柱。

见于山坡、河岸、路旁、砂质草地。分布于我国东北、华南、西南地区。

猫头刺（刺柄棘豆）| *Oxytropis aciphylla* Ledeb. 豆科 / 棘豆属 *Oxytropis*

垫状矮小半灌木，高8~20厘米。茎多分枝，全体呈球状植丛。偶数羽状复叶；叶轴宿存，长2~6厘米，呈硬刺状；小叶4~6对生，线形或长圆状线形，长5~18毫米，宽1~2毫米，先端具刺尖，边缘常内卷，两面密被毛。1~2花组成腋生总状花序；花萼筒状，花后稍膨胀；花冠红紫色、蓝紫色至白色。荚果硬革质，长圆形，长10~20毫米，宽4~5毫米，腹缝线深陷，密被白色贴伏柔毛。

见于砾石质平原、薄层沙地、丘陵坡地及砂质荒地上。分布于我国西北地区及内蒙古。

小花棘豆 | *Oxytropis glabra* (Lam.) DC. 豆科 / 棘豆属 *Oxytropis*

多年生草本，高20~80厘米。茎分枝多，直立或铺散。羽状复叶长5~15厘米；小叶11~19(~27)，披针形或卵状披针形，长5~25毫米，宽3~7毫米。多花组成稀疏总状花序，长4~7厘米；总花梗长5~12厘米；花长6~8毫米；花冠淡紫色或蓝紫色。荚果膜质，长圆形，膨胀，下垂，长10~20毫米，宽3~5毫米，喙长1~1.5毫米，腹缝具深沟。

见于山坡草地、石质山坡、河谷阶地、冲积川地、草地、荒地、田边、渠旁、沼泽草甸、盐土草滩上。分布于我国西北地区，以及内蒙古、山西和西藏。

苦马豆 | *Sphaerophysa salsula* (Pall.) DC. 豆科/苦马豆属 *Sphaerophysa*

半灌木或多年生草本，高30~60厘米。枝具纵棱脊，被“丁”字毛。叶轴长5~8.5厘米；羽状复叶具小叶11~21，倒卵形，长5~25毫米，宽3~10毫米，先端具短尖头。总状花序常较叶长，长6.5~17厘米，生6~16花；花冠初呈鲜红色，后变紫红色。荚果椭圆形至卵圆形，膨胀，长1.7~3.5厘米，直径1.7~1.8厘米，果颈长约10毫米，果瓣膜质，外面疏被白色柔毛。

见于山坡、草原、荒地、沙滩、戈壁绿洲、沟渠旁及盐池周围。分布于我国东北、华北、西北地区。

披针叶野决明（披针叶黄华）| *Thermopsis lanceolata* R. Br. 豆科/野决明属 *Thermopsis*

多年生草本，高12~40厘米。茎具沟棱，被柔毛。掌状三出复叶；叶柄短；小叶狭长圆形、倒披针形，长2.5~7.5厘米，宽5~16毫米。总状花序顶生，长6~17厘米，具花2~6轮，排列疏松；萼钟形，长1.5~2.2厘米，密被毛；花冠黄色。荚果线形，长5~9厘米，宽7~12毫米，先端具尖喙，被细柔毛。

见于草原沙丘、河岸和砾滩。分布于内蒙古、河北、山西、陕西、宁夏、甘肃。

窄叶野豌豆 | *Vicia sativa* Linn. subsp. *nigra* Ehrh. 豆科/野豌豆属 *Vicia*

一年生或二年生草本，高20~80厘米。茎斜升、蔓生或攀援，多分支。偶数羽状复叶长2~6厘米，叶轴顶端卷须发达；小叶4~6对，线形或线状长圆形，长1~2.5厘米，宽0.2~0.5厘米，先端平截或微凹，具短尖头。花1~2腋生；花冠红色或紫红色。荚果长线形，微弯，长2.5~5厘米，宽约0.5厘米。

见于河滩、山沟、谷地、田边草丛。分布于我国西北、华东、华中、华南及西南地区。

广布野豌豆 | *Vicia cracca* Linn. 豆科/野豌豆属 *Vicia*

多年生草本，高40~150厘米。茎攀援或蔓生，有棱，被柔毛。偶数羽状复叶，叶轴顶端卷须有2~3分支；小叶5~12对，线形或长圆形，长1.1~3厘米，宽0.2~0.4厘米，先端具短尖头，全缘。总状花序有花10~40朵，密集；花萼钟状，萼齿5；花冠紫色、蓝紫色或紫红色，长约0.8~1.5厘米。荚果长圆形，长2~2.5厘米，宽约0.5厘米，先端有喙。

见于草甸、山坡、河滩草地及灌丛。分布于全国各地。

大白刺（齿叶白刺）| *Nitraria roborowskii* Kom.

白刺科 / 白刺属 *Nitraria*

灌木。枝平卧或直立；不孕枝先端刺针状，嫩枝白色。叶2~3片簇生，矩圆状匙形或倒卵形，长25~40毫米，宽7~20毫米，全缘或先端具不规则2~3齿裂。聚伞花序，花较稀疏。核果卵形，长12~18毫米，直径8~15毫米，熟时深红色，果汁紫黑色。果核狭卵形。

见于湖盆边缘、绿洲外围沙地。分布于我国西北地区。

小果白刺（西伯利亚白刺）| *Nitraria sibirica* Pall.

白刺科 / 白刺属 *Nitraria*

灌木。枝铺散，少直立。小枝灰白色，不孕枝先端刺针状。叶近无柄，在嫩枝上4~6片簇生，倒披针形，长6~15毫米，宽2~5毫米，基部渐窄成楔形。聚伞花序长1~3厘米，被疏柔毛；萼片5，绿色，花瓣黄绿色或近白色，矩圆形。核果椭圆形或近球形，两端钝圆，长6~8毫米，熟时暗红色，果汁暗蓝色；果核卵形，先端尖。

见于湖盆边缘沙地、盐渍化沙地。分布于我国各沙漠地区，华北及东北沿海沙区也有分布。

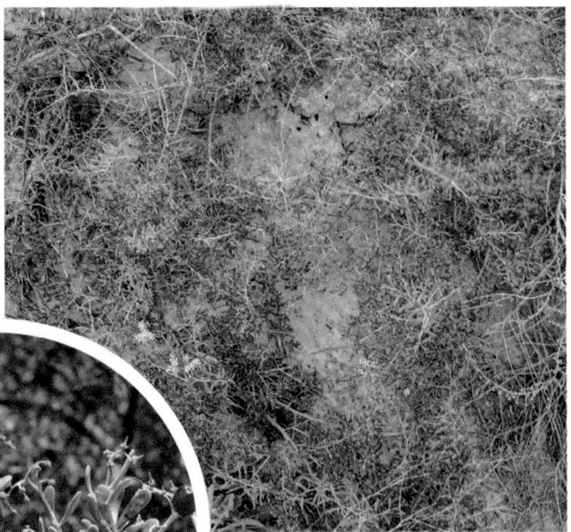

泡泡刺 | *Nitraria sphaerocarpa* Maxim. 白刺科/白刺属 *Nitraria*

灌木。枝平卧，弯，不孕枝先端刺针状，嫩枝白色。叶近无柄，2~3片簇生，条形或倒披针状条形，全缘，长5~25毫米，宽2~4毫米。花序长2~4厘米，被短柔毛，黄灰色；萼片5，绿色，被柔毛；花瓣白色。果未熟时披针形，先端渐尖，密被黄褐色柔毛，成熟时外果皮干膜质，膨胀成球形，果径约1厘米。

见于戈壁、山前平原和砾质平坦沙地。分布于内蒙古、甘肃、新疆。

白刺（唐古特白刺）| *Nitraria tangutorum* Bobr. 白刺科/白刺属 *Nitraria*

灌木。多分枝，弯、平卧或开展；不孕枝先端刺针状；嫩枝白色。叶在嫩枝上2~4片簇生，宽倒披针形，长18~30毫米，宽6~8毫米，基部渐窄成楔形，全缘，稀先端齿裂。花排列较密集。核果卵形，有时椭圆形，熟时深红色，长8~12毫米，直径6~9毫米，果汁玫瑰色；果核狭卵形。

见于荒漠和半荒漠的湖盆沙地、河流阶地、山前平原积沙地、有风积沙的黏土地。分布于我国西北地区，内蒙古及西藏。

骆驼蓬 | *Peganum harmala* Linn. 骆驼蓬科/骆驼蓬属 *Peganum*

多年生草本，高30~70厘米。茎由基部多分枝。叶互生，卵形，全裂为3~5条形或披针状条形裂片，裂片长1~3.5厘米，宽1.5~3毫米。花单生枝端，与叶对生；萼片5，裂片条形，长1.5~2厘米；花瓣黄白色，倒卵状矩圆形，长1.5~2厘米，宽6~9毫米。蒴果近球形。

见于荒漠地带干旱草地、绿州边缘轻盐渍化沙地、壤质低山坡或河谷沙丘。分布于宁夏、内蒙古、甘肃、新疆、西藏。

多裂骆驼蓬 | *Peganum multisectum* (Maxim.) Bobr. 骆驼蓬科/骆驼蓬属 *Peganum*

多年生草本。茎平卧。叶二至三回深裂，基部裂片与叶轴近垂直，裂片长6~12毫米，宽1~1.5毫米。萼片3~5深裂。花瓣淡黄色，倒卵状矩圆形，长10~15毫米，宽5~6毫米。蒴果近球形，顶部稍平扁。

见于半荒漠带沙地、黄土山坡、荒地。分布于陕西、内蒙古、宁夏、甘肃、青海。

骆驼蒿 | *Peganum nigellastrum* Bunge 骆驼蓬科/骆驼蓬属 *Peganum*

多年生草本，高10~25厘米，密被短硬毛。茎由基部多分枝。叶二至三回深裂，裂片条形，长0.7~10毫米，宽不到1毫米，先端渐尖。花单生于茎端或叶腋；萼片5，披针形，长达1.5厘米，5~7条状深裂，宿存；花瓣淡黄色，倒披针形，长1.2~1.5厘米。蒴果近球形，黄褐色。

见于沙质或砾质地、山前平原、丘间低地、固定或半固定沙地。分布于内蒙古、陕西、甘肃、宁夏。

蒺藜 | *Tribulus terrester* Linn. 蒺藜科/蒺藜属 *Tribulus*

一年生草本。茎平卧。偶数羽状复叶长1.5~5厘米；小叶3~8对，矩圆形或斜短圆形，长5~10毫米，宽2~5毫米，基部稍偏科，全缘。花腋生，黄色；萼片5，宿存；花瓣5。果有分果瓣5，坚硬，长4~6毫米，无毛或被毛，中部边缘有锐刺2枚，下部常有小锐刺2枚，其余部位常有小瘤体。

见于沙地、荒地、山坡、居民点附近。分布于全国各地。

豆型霸王（驼蹄瓣）| *Zygophyllum fabago* Linn. 蒺藜科 / 霸王属 *Zygophyllum*

多年生草本，高30~80厘米。茎多分枝，开展或铺散。叶柄显著短于小叶；小叶1对，倒卵形，长1.5~3.3厘米，宽0.6~2.0厘米，肉质。花腋生；花梗长4~10毫米；萼片卵形，边缘白色膜质；花瓣倒卵形，与萼片近等长，先端近白色，下部橘红色。蒴果矩圆形或圆柱形，长2~3.5厘米，宽4~5毫米，5棱，下垂。

见于冲积平原、绿洲、湿润沙地和荒地。分布于内蒙古、甘肃、青海和新疆。

戈壁霸王（戈壁驼蹄瓣）| *Zygophyllum gobicum* Maxim. 蒺藜科 / 霸王属 *Zygophyllum*

多年生草本，全株灰绿色。茎由基部多分枝，铺散。叶柄短于小叶，长2~7毫米；小叶1对，斜倒卵形，长5~20毫米，宽3~8毫米，茎基部叶最大，向上渐小。花小，2个并生于叶腋；萼片5，绿色或橘红色；花瓣5，淡绿色或橘红色，椭圆形，比萼片短小。浆果状蒴果下垂，椭圆形，长8~14毫米，宽6~7毫米。

见于砾石戈壁。分布于内蒙古、甘肃、新疆。

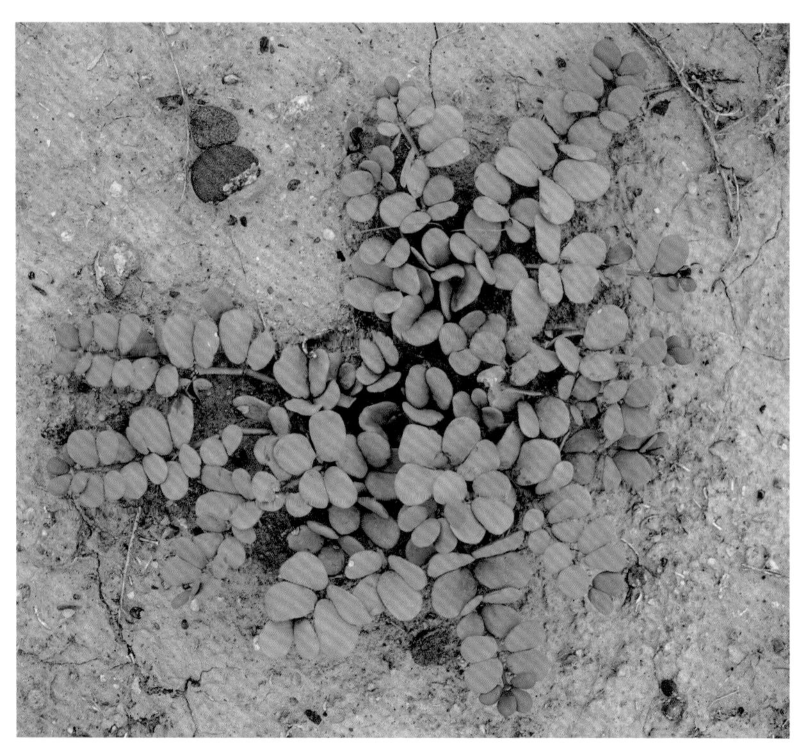

甘肃霸王（甘肃驼蹄瓣）| *Zygophyllum kansuense* Y. X. Liou 蒺藜科/霸王属 *Zygophyllum*

多年生草本，高7~15厘米。茎由基部分枝，嫩枝具乳头状突起和钝短刺毛。叶柄长2~4毫米，具翼，先端有丝状尖头；小叶1对，倒卵形或矩圆形，长6~15毫米，宽3~5毫米。花1~2孕生于叶腋；萼片绿色，倒卵状椭圆形，边缘白色；花瓣与萼片近等长，白色，稍带橘红色。蒴果披针形，稍具棱，长1.5~2厘米，粗约5毫米。

见于戈壁、山前平原。分布于甘肃河西地区。

粗茎霸王（粗茎驼蹄瓣）| *Zygophyllum loczyi* Kanitz 蒺藜科/霸王属 *Zygophyllum*

一年生或二年生草本，高5~25厘米。茎由基部多分枝。叶柄短于小叶，具翼；茎上部的小叶常1对，中下部的2~3对，椭圆形或斜倒卵形，长6~25毫米，宽4~15毫米。花1~2腋生；萼片5，椭圆形，绿色，具白色膜质缘；花瓣近卵形，橘红色，边缘白色，短于萼片或近等长。蒴果圆柱形，长16~25毫米，宽5~6毫米。

见于低山、洪积平原、砾质戈壁、盐化沙地。分布于内蒙古、甘肃、青海、新疆。

蝎虎霸王（蝎虎驼蹄瓣）| *Zygophyllum mucronatum* Maxim. 蒺藜科/霸王属 *Zygophyllum*

多年生草本，高15~25厘米。多分枝，细弱，平卧或开展，具沟棱和粗糙皮刺。叶柄及叶轴具翼，翼扁平；小叶2~3对，条形，长约1厘米，顶端具刺尖。花1~2朵腋生；萼片5，狭倒卵形；花瓣5，倒卵形，稍长于萼片，上部近白色，下部橘红色，基部渐窄成爪。蒴果披针形或圆柱形，稍具5棱，下垂。

见于低山山坡、山前平原、冲积扇、河流阶地、黄土山坡。分布于内蒙古、宁夏、青海、甘肃。

翼果霸王（翼果驼蹄瓣）| *Zygophyllum pterocarpum* Bunge 蒺藜科/霸王属 *Zygophyllum*

多年生草本，高10~20厘米。茎多数，细弱，开展。叶柄长4~6毫米，扁平，具翼；小叶2~3对，条状矩圆形或披针形，长5~15毫米，宽2~5毫米，灰绿色。花1~2朵生于叶腋；萼片椭圆形；花瓣矩圆状倒卵形，稍长于萼片，长7~8毫米，上部白色，下部橘红色。蒴果矩圆状卵形或卵圆形，长10~20毫米，宽6~15毫米，翅宽2~3毫米。

见于石质山坡、洪积扇、盐化沙土、梭梭林下。分布于内蒙古、甘肃、新疆。

霸王 | *Zygophyllum xanthoxylon* (Bunge) Maxim. 蒺藜科 / 霸王属 *Zygophyllum*

灌木，高50~100厘米。枝弯曲，开展，先端具刺尖，坚硬。叶在老枝上簇生，幼枝上对生；叶柄长8~25毫米；小叶1对，长匙形、狭矩圆形或条形，长8~24毫米，宽2~5毫米，肉质。花生于老枝叶腋；萼片4，倒卵形，绿色；花瓣4，淡黄色，长8~11毫米。蒴果近球形，长18~40毫米，翅宽5~9毫米。

见于荒漠和半荒漠的沙砾质河流阶地、低山山坡、碎石低丘和山前平原。分布于我国西北地区。

地锦 | *Euphorbia humifusa* Willd. 大戟科 / 大戟属 *Euphorbia*

一年生草本。茎匍匐，自基部以上多分枝。叶对生，矩圆形或椭圆形，长5~10毫米，宽3~6毫米，边缘中部以上具细锯齿，两面被疏柔毛；叶柄极短。花序单生叶腋；总苞陀螺状，边缘4裂；腺体4，矩圆形。雄花数枚；雌花1枚。蒴果三棱状卵球形，直径约2.2毫米，花柱宿存。

见于荒地、路旁、田间、沙丘、山坡等地。除海南外，分布于全国各地。

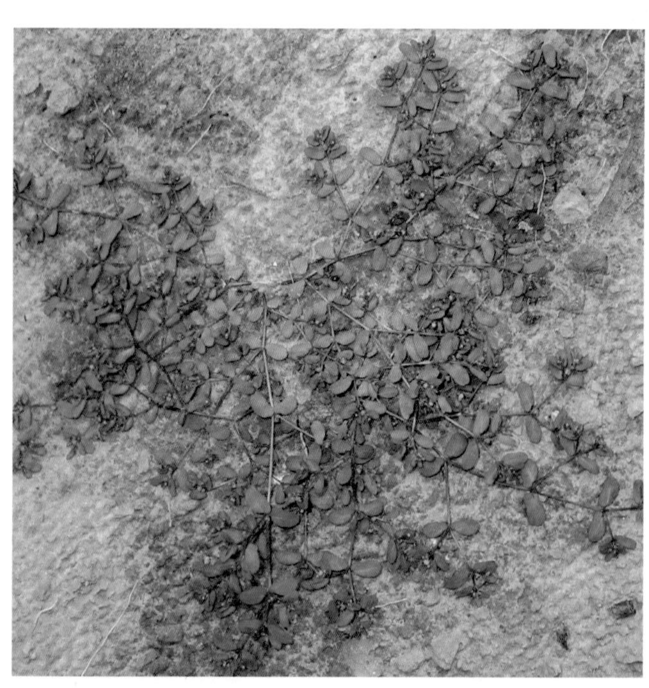

野西瓜苗 | *Hibiscus trionum* Linn. 锦葵科 / 木槿属 *Hibiscus*

一年生直立或平卧草本，全株被星状毛。叶二型，下部的叶圆形，不分裂，上部的叶掌状3~5深裂，直径3~6厘米，中裂片较长，裂片通常羽状全裂；叶柄长2~4厘米；托叶线形。花单生叶腋，花梗长约2.5厘米，果时延长；小苞片12，线形，基部合生；花萼钟形，长1.5~2厘米，裂片5，膜质，三角形，具纵向紫色条纹，中部以上合生；花淡黄色，内面基部紫色，直径2~3厘米，花瓣5，倒卵形。蒴果长圆状球形，直径约1厘米。

见于平原、山野、丘陵或田埂。分布于全国各地。

红砂 | *Reaumuria soongarica* (Pall.) Maxim. 柽柳科 / 红砂属 *Reaumuria*

小灌木，高达80厘米。叶肉质，短圆柱形，鳞片状，长1~5毫米，宽0.5~1毫米，浅灰蓝绿色，常4~6枚簇生在叶腋缩短的枝上。花单生叶腋，或在幼枝上端集为少花的总状花序状；花无梗；直径约4毫米；苞片3，披针形；花萼钟形，裂片5，三角形，边缘白膜质；花瓣5，白色略带淡红；花柱3。蒴果长椭圆形或纺锤形，长4~6毫米，宽约2毫米，具3棱，3瓣裂。

见于山前冲积、洪积平原上、戈壁侵蚀面上、粗砾质戈壁、盐碱土地。分布于我国西北到东北西部地区。

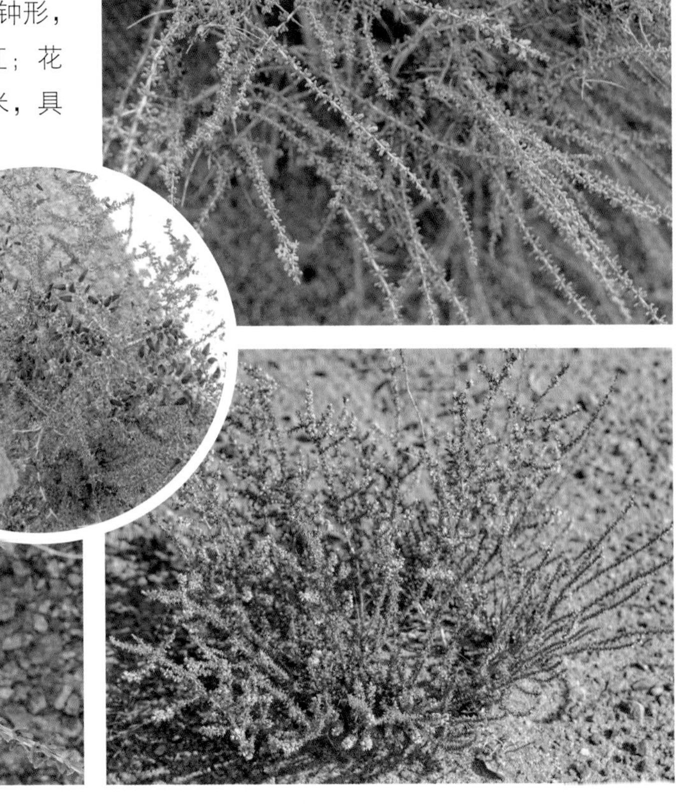

白花柽柳 | *Tamarix androssowii* Litw. 柽柳科 / 柽柳属 *Tamarix*

灌木或小乔木状，高2~5米。茎暗棕红色或紫红色，光亮。生长枝上的叶几抱茎，营养枝上的叶卵形，有内弯的尖头，边缘膜质，叶基下延。总状花序长2~5厘米，单生或1~3簇生，疏生鳞片状苞叶；苞片长圆状卵形，先端具有软骨质钻状尖头，略向内弯；花梗长1~1.5毫米；花4数，小；花萼长0.7~1毫米，萼片边缘具细裂齿；花瓣白色或淡白色，果时大多宿存。蒴果小，狭圆锥形，长4~5毫米。

见于荒漠河谷沙地、流沙边缘。分布于新疆、甘肃、内蒙古及宁夏。

柽柳 | *Tamarix chinensis* Lour. 柽柳科 / 柽柳属 *Tamarix*

乔木或灌木，高3~8米；幼枝稠密细弱且下垂。营养枝上的叶钻形或卵状披针形，半贴生，先端渐尖而内弯，长1~3毫米，背面有龙骨状突起。每年开花2~3次。春季开花：总状花序长3~6厘米，宽5~7毫米，组成顶生圆锥花序；苞片线状长圆形，与花梗等长或稍长；花大而少，5基数；花瓣粉红色，果时宿存。夏、秋季开花：总状花序较春生者细短；花较春季者略小，密生。蒴果圆锥形。

见于潮湿盐碱地和沙荒地。分布于甘肃、辽宁、河北、河南、山东、江苏、安徽。

长穗柽柳 | *Tamarix elongata* Ledeb. 柽柳科/柽柳属 *Tamarix*

大灌木，高1~5米，枝短而粗壮，挺直。生长枝上的叶披针形至线形，长4~10毫米，向外伸，基部宽心形，半抱茎，具耳，营养小枝上的叶心状披针形，半抱茎。总状花序侧生在去年生枝上，单生，粗壮，长6~15厘米，粗0.4~1.0厘米；总花梗长1~2厘米，苞片线状披针形或宽线形，明显地超出花萼或与花萼等长，花末向外反折。花较大，4 数；花萼深钟形，萼片卵形，边缘具牙齿；花瓣粉红色，花后即落。蒴果卵状圆锥形。

见于河谷阶地、干河床和沙丘上。分布于新疆、甘肃、青海，宁夏和内蒙古。

盐地柽柳 | *Tamarix karelinii* Bunge 柽柳科/柽柳属 *Tamarix*

大灌木或乔木状，高2~7米。叶卵形，长1~1.5毫米，宽0.5~1毫米，急尖，内弯，几半抱茎，基部稍下延。总状花序长5~15厘米，宽2~4毫米，生于当年生枝顶，集成开展的大型圆锥花序；苞片披针形，长1.7~2毫米；萼片5，近圆形，近全缘；花瓣比花萼长一半多，上部边缘向内弯，深红色或紫红色。蒴果长5~6毫米。

见于盐碱化土质沙漠、沙丘边缘、河湖沿岸。分布于新疆、甘肃、青海和内蒙古。

细穗柽柳 | *Tamarix leptostachys* Bunge 柽柳科/柽柳属 *Tamarix*

灌木，高1~6米。生长枝上的叶狭卵形，急尖，半抱茎，略下延；营养枝上的叶同形，长1~4毫米，急尖，下延。总状花序细长，长4~12厘米，宽2~3毫米，总花梗长0.5~2.5厘米，生于当年生幼枝顶端，集成顶生密集的球形或卵状大型圆锥花序。花5数，小；花瓣淡紫红色或粉红色，早落。蒴果细，长1.8毫米，宽0.5毫米，高出花萼2倍以上。

见于潮湿和松陷盐土上，丘间低地和灌溉绿洲的盐土上。分布于新疆、青海、甘肃、宁夏、内蒙古。

多枝柽柳 | *Tamarix ramosissima* Ledeb. 柽柳科/柽柳属 *Tamarix*

灌木或小乔木状，高1~6米。木质化生长枝上的叶披针形，基部半抱茎，微下延；绿色营养枝上的叶短卵圆形或三角状心脏形，长2~5毫米，急尖，略向内倾，几抱茎，下延。总状花序生在当年生枝顶，集成顶生圆锥花序，长3~5厘米，总花梗长0.2~1厘米；花5数；花瓣粉红色或紫色，靠合形成闭合的酒杯状花冠，果时宿存。蒴果三棱圆锥状，长3~5毫米。

见于河漫滩、河谷阶地、沙地和盐碱地上。分布于西藏西部、新疆、青海，甘肃、内蒙古和宁夏。

沙枣 | *Elaeagnus angustifolia* Linn.

胡颓子科 / 胡颓子属 *Elaeagnus*

落叶乔木。无刺或具棕红色刺。幼枝密被银白色鳞片；老枝红棕色。叶薄纸质，矩圆状披针形至线状披针形，长3~7厘米，宽1~1.3厘米，全缘，下面密被白色鳞片；叶柄纤细，银白色，长5~10毫米。花密被银白色鳞片，芳香，常1~3花簇生新枝叶腋；萼筒钟形，长4~5毫米，4裂。果实椭圆形，长9~12毫米，直径6~10毫米，密被银白色鳞片。

见于山地、平原、沙滩、荒漠。分布于我国西北和华北地区，野生或栽培。

千屈菜 | *Lythrum salicaria* Linn.

千屈菜科 / 千屈菜属 *Lythrum*

多年生草本，高30~100厘米。茎直立，多分枝，全株略被粗毛或密被绒毛，枝通常具4棱。叶对生或三叶轮生，披针形或阔披针形，长4~6(~10)厘米，宽8~15毫米，全缘，无柄。聚伞花序呈穗状花序状；萼筒裂片6枚；花瓣6，红紫色或淡紫色。蒴果扁圆形。

见于溪沟边和潮湿草地。分布于全国各地。

锁阳 | *Cynomorium songaricum* Rupr. 锁阳科／锁阳属 *Cynomorium*

多年生肉质寄生草本，全株红棕色，高15~100厘米，大部分埋于沙中。茎圆柱状，直立，棕褐色，径3~6厘米，埋于沙中的茎具有细小须根。茎上着生螺旋状排列脱落性鳞片叶，向上渐疏；鳞片叶卵状三角形，长0.5~1.2厘米，宽0.5~1.5厘米。肉穗花序生于茎顶，伸出地面，棒状，长5~16厘米，径2~6厘米。果为小坚果状，多数，极小。

寄生在白刺属和红砂属植物的根上。分布于我国西北地区。

硬阿魏 | *Ferula bungeana* Kitagawa 伞形科／阿魏属 *Ferula*

多年生草本，高30~60厘米，被密集短柔毛，蓝绿色。茎从下部向上分枝成伞房状。基生叶莲座状，有短柄，柄的基部扩展成鞘；叶片轮廓为广卵形，二至三回羽状全裂，末回裂片再羽状深裂，小裂片又3裂，被密集的短柔毛，肥厚；茎生叶少，向上简化。复伞形花序生于茎、枝顶端，直径4~12厘米，至果期达25厘米；伞辐4~15，不等长；小伞形花序有花5~12；花瓣黄色。分生果广椭圆形，背腹扁压，果棱突起，长10~15毫米，宽4~6毫米。

见于沙丘、沙地、戈壁滩冲沟、旱田、路边以及砾石质山坡上。分布于我国东北、华北、西北地区。

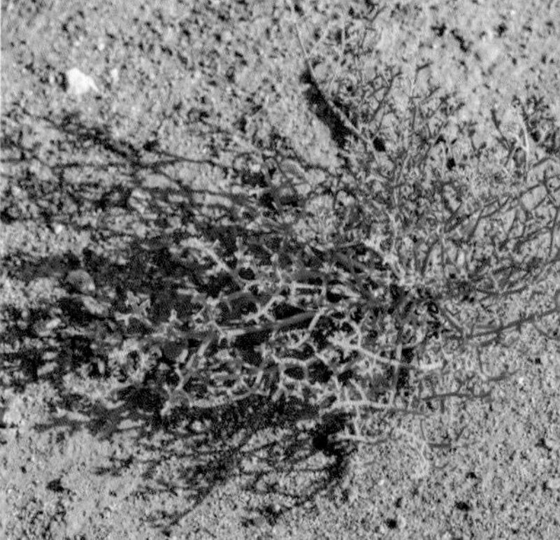

海乳草 | *Glaux maritima* Linn. 报春花科/海乳草属 *Glaux*

多年生草本。茎高3~25厘米，有分枝。叶近于无柄，交互对生或有时互生，间距极短或有时稍疏离，近茎基部的3~4对叶鳞片状，膜质，上部叶肉质，线形或近匙形，长4~15毫米，宽1.5~5毫米，全缘。花单生于茎中上部叶腋；花萼钟形，白色或粉红色，花冠状，长约4毫米，分裂达中部。蒴果卵状球形，长2.5~3毫米。

见于河漫滩盐碱地和沼泽草甸。分布于我国东北、华北、西北地区，以及四川和西藏。

黄花补血草 | *Limonium aureum* (Linn.) Hill. 白花丹科/补血草属 *Limonium*

多年生草本，高4~35厘米，全株（除萼外）无毛。叶基生，早凋，长圆状匙形至倒披针形，长1.5~3(~5)厘米，宽2~5（~15）毫米，下部渐狭成扁平的柄。花序圆锥状，由下部作数回叉状分枝；穗状花序位于上部分枝顶端，由3~5（~7）个小穗组成；小穗含2~3花；萼长5.5~7.5毫米，漏斗状，萼檐金黄色，裂片正三角形，脉伸出裂片先端成一芒尖或短尖；花冠橙黄色。

见于土质含盐的砾石滩、黄土坡和砂土地上。分布于我国东北、华北和西北地区。

耳叶补血草 | *Limonium otolepis* (Schrenk) Kuntze 白花丹科/补血草属 *Limonium*

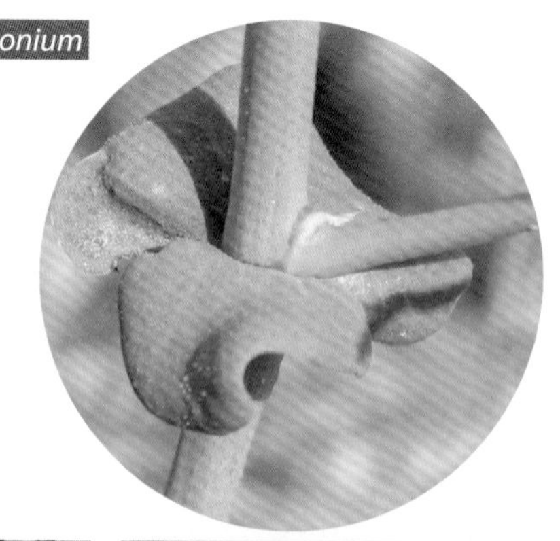

多年生草本，高30~90（~120）厘米。叶基生并在花序轴上互生；基生叶倒卵状匙形，长3~8厘米，宽1~3厘米，基部渐狭成细扁的柄，开花时凋落，花序轴下部和侧枝下部有阔卵形至肾形抱茎的叶，花期中开始凋落。花序圆锥状；穗状花序列于细弱分枝的上部至顶端，由2~7个小穗排列而成；小穗含1~2花；萼长2.2~2.5毫米，倒圆锥形，萼檐白色；花冠淡蓝紫色。

见于盐土和盐渍化土壤上。分布于新疆和甘肃。

白麻 | *Apocynum pictum* Schrenk 夹竹桃科/罗布麻属 *Apocynum*

直立半灌木，高50~200厘米。叶坚纸质，互生，线形至线状披针形，长1.5~3.5厘米，宽0.3~0.8厘米，边缘具细牙齿；叶柄长2~5毫米。圆锥状聚伞花序一至多歧，顶生；花梗老时向下弯曲；花萼5裂，下部合生；花冠骨盆状，粉红色，直径1.5~2厘米，裂片5枚，每裂片有3条深紫色条纹。蓇葖2枚，平行或略为叉生，倒垂，长17~24.5厘米，直径3~4毫米。

见于沙漠边缘、丘间低地、盐渍化沙地、河流两岸、渠旁。分布于我国西北地区。

戟叶鹅绒藤（羊角藤）| *Cynanchum acutum* (Willd.) K. H. Rech. subsp. *sibiricum* (Willd.) K. H. Rech. 萝藦科/鹅绒藤属 *Cynanchum*

多年生缠绕藤木。叶对生，戟形或戟状心形，长4~6厘米，基部宽3~4.5厘米，向端部长渐尖，基部具2个长圆状平行或略为叉开的叶耳，两面均被柔毛。伞房状聚伞花序腋生，花序梗长3~5厘米；花冠外面白色，内面紫色，裂片长圆形；副花冠双轮。蓇葖单生，狭披针形，长约10厘米，直径1厘米。

见于固定沙地、河漫滩、湖盆边缘沙地。分布于内蒙古、甘肃和新疆。

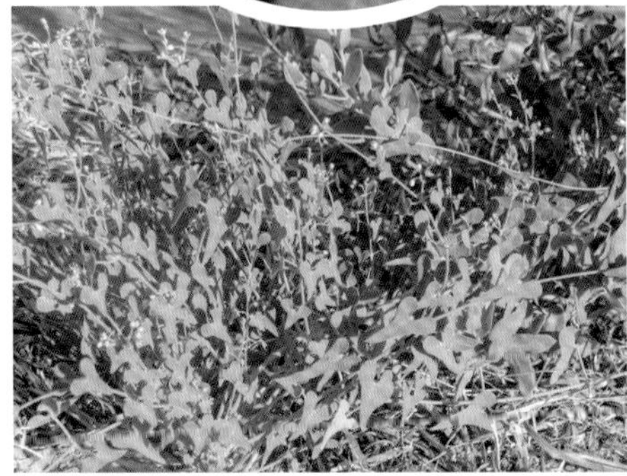

鹅绒藤 | *Cynanchum chinense* R. Br. 萝藦科/鹅绒藤属 *Cynanchum*

缠绕草本，全株被短柔毛。叶对生，宽三角状心形，长4~9厘米，宽4~7厘米。伞形聚伞花序腋生，两歧，花约20朵；花萼外面被柔毛；花冠白色，裂片长圆状披针形；副花冠二形，杯状，上端裂成10个丝状体，分为两轮。蓇葖双生或仅有1个发育，细圆柱状，长11厘米，直径5毫米。

见于田边、河边、灌丛、渠边。分布于我国东北、华北、西北、华东地区。生长于海拔500米以下的山坡向阳灌木丛中或路旁、河畔、田埂边。

地梢瓜 | *Cynanchum thesioides* (Freyn) K.Schum 萝藦科/鹅绒藤属 *Cynanchum*

直立半灌木。叶对生或近对生，线形，长3~5厘米，宽2~5毫米，叶背中脉隆起。伞形聚伞花序腋生；花萼外面被柔毛；花冠绿白色；副花冠杯状，裂片三角状披针形，渐尖。蓇葖纺锤形，先端渐尖，中部膨大，长5~6厘米，直径2厘米。

见于低山山坡、固定沙地、荒地、田边。分布于我国东北、西北、华北和华中地区。

打碗花 | *Calystegia hederacea* Wall. 旋花科 / 打碗花属 *Calystegia*

一年生草本。茎平卧，有细棱。基部叶片长圆形，长2~3（~5.5）厘米，宽1~2.5厘米，基部戟形，上部叶片3裂，中裂片长圆形，侧裂片近三角形，全缘或2~3裂，叶片基部心形或戟形；叶柄长1~5厘米。花腋生，1朵，花梗长于叶柄；花冠淡紫色或淡红色，钟状，长2~4厘米，冠檐近截形或微裂。蒴果卵球形，长约1厘米，宿存萼片与之近等长或稍短。

见于农田、荒地、路旁。分布于全国各地。

银灰旋花 | *Convolvulus ammannii* Desr. 旋花科 / 旋花属 *Convolvulus*

多年生草本，高2~15厘米。茎少数或多数，平卧或上升，枝和叶密被银灰色绢毛。叶互生，线形或狭披针形，长1~2厘米，宽0.5~5毫米，无柄。花单生枝端；花梗长0.5~7厘米；花冠小，漏斗状，长8~15毫米，淡玫瑰色、白色或白色带紫色条纹。蒴果球形，2裂，长4~5毫米。

见于干旱山坡草地或路旁。分布于我国东北、西北、华北、西南地区。

田旋花（箭叶旋花）| *Convolvulus arvensis* Linn. 旋花科/旋花属 *Convolvulus*

多年生草本。茎平卧或缠绕，有条纹及棱角。叶卵状长圆形至披针形，长1.5~5厘米，宽1~3厘米，基部大多戟形，或箭形及心形，全缘或3裂，侧裂片展开，中裂片卵状椭圆形至披针状长圆形；叶柄长1~2厘米。花序腋生，总梗长3~8厘米，1至多花；花冠宽漏斗形，长15~26毫米，白色或粉红色。蒴果卵状球形，长5~8毫米。

见于耕地及荒坡草地。分布于我国东北、华北、西北、西南、华东、华中地区。

鹰爪柴 | *Convolvulus gortschakovii* Schrenk 旋花科/旋花属 *Convolvulus*

亚灌木或近于垫状小灌木，高10~30厘米。分枝密集，小枝具短而坚硬的刺；枝条，小枝和叶均密被贴生银色绢毛；叶倒披针形至线状披针形。花单生于短的侧枝上；花梗短；花冠漏斗状，长17~22毫米，玫瑰色。蒴果阔椭圆形，长约6毫米，顶端具毛。

见于沙漠及干燥多砾石的山坡。分布于我国西北地区。

狼紫草 | *Anchusa ovata* Lehm. 紫草科/牛舌草属 *Anchusa*

一年生草本，高10~40厘米，有开展的稀疏长硬毛。基生叶和茎下部叶有柄，其余无柄，倒披针形至线状长圆形，长4~14厘米，宽1.2~3厘米，两面疏生硬毛，边缘有微波状小牙齿。花序在花期短，花后逐渐伸长达25厘米；花萼长约7毫米，5裂至基部，裂片钻形，果期增大，星状开展；花冠蓝紫色或紫红色，长约7毫米，附属物疣状至鳞片状。小坚果肾形，长3~3.5毫米，表面有网状皱纹和小疣点，着生面碗状，边缘无齿。

见于山坡、河滩、田边。分布于河北、山西、河南、内蒙古、陕西、宁夏、甘肃、青海、新疆及西藏。

灰毛软紫草 | *Arnebia fimbriata* Maxim. 紫草科/软紫草属 *Arnebia*

多年生草本，全株密生灰白色长硬毛。茎多条，高10~18厘米，多分枝。叶无柄，线状长圆形至线状披针形，长8~25毫米，宽2~4毫米。镰状聚伞花序长1~3厘米，花排列较密；花萼裂片钻形，两面密生长硬毛；花冠淡蓝紫色或粉红色，有时为白色，长15~22毫米，檐部裂片宽卵形，边缘具不整齐牙齿。小坚果三角状卵形，密牛疣状突起。

见于戈壁、山前冲积扇及砾石山坡。分布于宁夏、甘肃和青海。

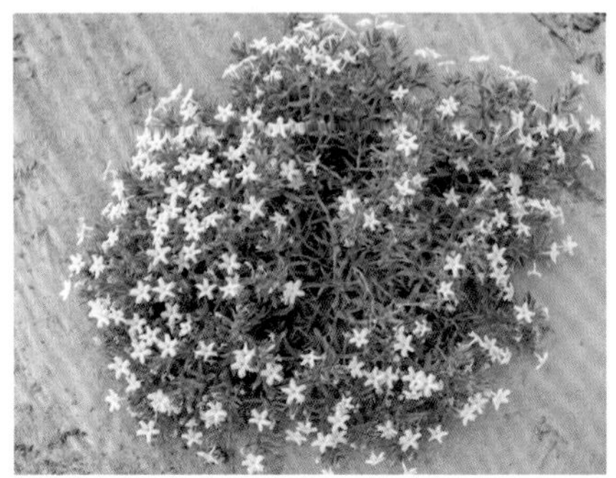

黄花软紫草 | *Arnebia guttata* Bunge 紫草科/软紫草属 *Arnebia*

多年生草本，高10~25厘米。茎2~4条，有时1条，多分枝，密生开展的长硬毛和短伏毛。叶无柄，匙状线形至线形，长1.5~5.5厘米，宽3~11毫米，两面密生白色长硬毛。镰状聚伞花序长3~10厘米，含多数花；花萼裂片线形，果期伸长，有长伏毛；花冠黄色，筒状钟形，外面有短柔毛，檐部裂片宽卵形或半圆形，开展，常有紫色斑点。小坚果三角状卵形，有疣状突起。

见于戈壁、石质山坡、湖滨砾石地。分布于西藏、新疆、甘肃、宁夏、内蒙古至河北北部。

鹤虱 | *Lappula myosotis* Moench 紫草科/鹤虱属 *Lappula*

一年生或二年生草本，高30~60厘米，密被白色短糙毛。基生叶长圆状匙形，全缘，基部渐狭成长柄，长达7厘米(包括叶柄)，宽3~9毫米，两面密被长糙毛；茎生叶较短而狭，无叶柄。花序在果期伸长，达17厘米；花萼5深裂，几达基部，裂片果期增大，星状开展或卧折；花冠淡蓝色，漏斗状至钟状。小坚果卵状，边缘有2行锚状刺。

见于草地。分布于我国华北、西北地区，以及内蒙古。

砂引草 | *Tournefortia sibirica* Linn. 紫草科 / 紫丹属 *Tournefortia*

多年生草本，高10~30厘米。茎单一或数条丛生，通常分枝，密生糙伏毛或长柔毛。叶披针形至长圆形，长1~5厘米，宽6~10毫米，密生糙伏毛或长柔毛，无柄或近无柄。花序顶生，直径1.5~4厘米；花冠黄白色，钟状，裂片外弯。核果椭圆形或卵球形，长7~9毫米，直径5~8毫米，密生伏毛，先端凹陷。

见于沙地、干旱荒漠及山坡道旁。分布于我国东北、西北地区，以及河北、河南、山东。

蒙古莸 | *Caryopteris mongholica* Bunge 马鞭草科 / 莸属 *Caryopteris*

落叶小灌木，高30~150厘米。嫩枝紫褐色。叶片线状披针形或线状长圆形，全缘，少有稀齿，长0.8~4厘米，宽2~7毫米，背面密生灰白色绒毛；叶柄长约3毫米。聚伞花序腋生；花萼钟状，外面密生灰白色绒毛，深5裂；花冠蓝紫色，长约1厘米，5裂，下唇中裂片较长，边缘流苏状。蒴果椭圆状球形，无毛。

见于干旱坡地、沙丘荒野及干旱碱质土壤上。分布于河北、山西、陕西、内蒙古、甘肃。

薄荷 | *Mentha canadensis* Linn. 唇形科 / 薄荷属 *Mentha*

多年生草本，高30~60厘米。多分枝。叶片长圆状披针形至卵状披针形，长3~7厘米，宽0.8~3厘米，边缘在基部以上疏生粗大的牙齿状锯齿，两面沿叶脉密生微柔毛；叶柄长2~10毫米。轮伞花序腋生，轮廓球形，花时径约18毫米；花冠淡紫，长4毫米，冠檐4裂。小坚果卵珠形。

见于潮湿处。分布于全国各地。

曼陀罗 | *Datura stramonium* Linn. 茄科 / 曼陀罗属 *Datura*

草本或半灌木状，高50~150厘米。茎粗壮。叶广卵形，长8~17厘米，宽4~12厘米，边缘有不规则波状浅裂，裂片顶端急尖，有时亦有波状牙齿；叶柄长3~5厘米。花单生于枝叉间或叶腋；花萼筒状，长4~5厘米，5浅裂；花冠漏斗状，长6~10厘米，下半部带绿色，上部白色或淡紫色，檐部5浅裂。蒴果卵状，长3~4.5厘米，直径2~4厘米，表面有坚硬针刺或有时无刺，熟时4瓣裂。

见于路边或草地。分布于全国各地。

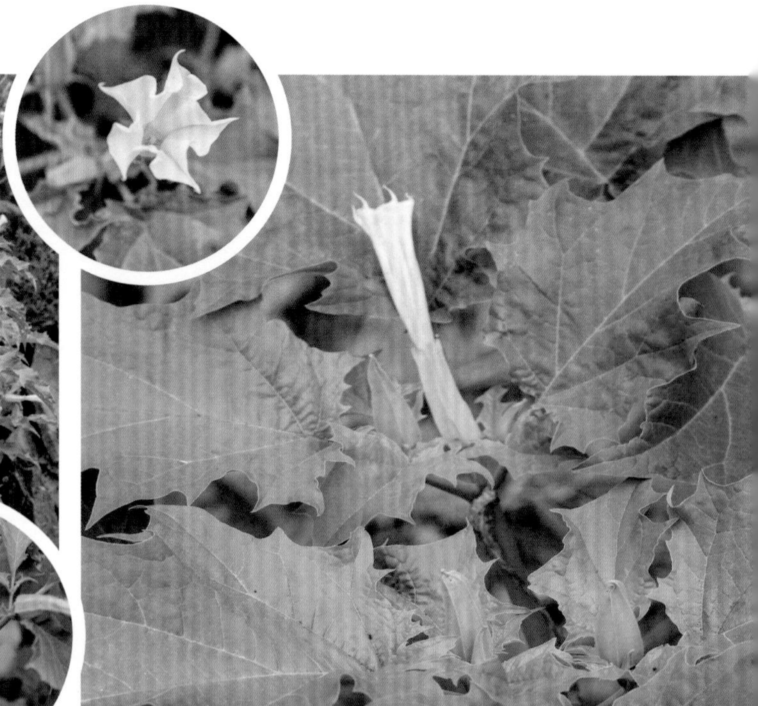

宁夏枸杞（中宁枸杞）| *Lycium barbarum* Linn. 茄科 / 枸杞属 *Lycium*

灌木，高80~200厘米。分枝细密，斜升或弓曲，有不生叶的短棘刺和生叶、花的长棘刺。叶互生或簇生，披针形或长椭圆状披针形，长2~3厘米，宽4~6毫米。花在长枝上1~2朵生于叶腋，在短枝上2~6朵同叶簇生；花梗长1~2厘米，向顶端渐增粗；花萼钟状，2中裂；花冠漏斗状，紫堇色。浆果红色，广椭圆状至近球状。

原产于我国北部，现在我国北部、中部和南部省份亦引种栽培。

黄果枸杞 | *Lycium barbarum* Linn. var. *auranticarpum* K. F. Ching 茄科 / 枸杞属 *Lycium*

灌木，高达2米。分枝细密，斜升或弓曲，有不生叶的短棘刺和生叶、花的长棘刺。叶互生或簇生，狭窄，条形、条状披针形、倒条状披针形或狭披针形，肉质。花在长枝上1~2朵生于叶腋，在短枝上2~6朵同叶簇生；花梗长1~2厘米，向顶端渐增粗；花萼钟状，2中裂；花冠漏斗状，紫堇色。浆果橙黄色，球状，直径约4~8毫米，仅有2~8粒种子。

见于干旱山坡。分布于宁夏、甘肃。

黑果枸杞 | *Lycium ruthenicum* Murr. 茄科 / 枸杞属 *Lycium*

多棘刺灌木，高20~150厘米。分枝多，斜升或横卧，白色；小枝顶端棘刺状，节间短缩，每节有长0.3~1.5厘米的短棘刺；短枝位于棘刺两侧，在老枝上成瘤状。叶在短枝上2~6枚簇生，在幼枝上互生，肉质，近无柄，条形或条状倒披针形，长0.5~3厘米，宽2~7毫米。花1~2朵生于短枝上；花萼狭钟状，果时稍膨大；花冠漏斗状，浅紫色，长约1.2厘米，檐部5浅裂。浆果紫黑色，球状，有时顶端稍凹陷。

见于盐碱土荒地、沙地或路旁。分布于我国西北地区，以及西藏。

龙葵 | *Solanum nigrum* Linn. 茄科 / 茄属 *Solanum*

一年生草本，高25~100厘米。叶卵形，长2.5~10厘米，宽1.5~5.5厘米，全缘或每边具不规则的波状粗齿；叶柄长1~2厘米。蝎尾状花序由3~10花组成；萼小，浅杯状；花冠白色，冠檐5深裂。浆果球形，直径约8毫米，熟时黑色。

见于田边、荒地及村庄附近。分布于全国各地。

红果龙葵 | *Solanum villosum* Mill. 茄科 / 茄属 *Solanum*

直立草本，高约40厘米。多分枝，小枝被毛并具有棱角状的狭翅，翅上具瘤状突起。叶卵形至椭圆形，长2~5.5厘米，宽1~3厘米，先端尖，基部楔形下延，边缘近全缘、浅波状或基部1~2齿，两面均疏被短柔毛；叶柄具狭翅，长5~8毫米。花序近伞形，腋生；花白色，直径约7毫米，萼杯状，萼齿5，近三角形，花冠筒檐部5裂；花药黄色。浆果球状，朱红色，直径约6毫米。

见于山坡或路旁。分布于河北、山西、甘肃、新疆、青海。

水茫草 | *Limosella aquatica* Linn. 玄参科 / 水茫草属 *Limosella*

一年生水生或湿生草本，个体小，丛生。叶基生成莲座状，具长柄，长1~4厘米，可达9厘米；叶片宽条形或狭匙形，长3~15毫米，全缘。花3~10朵自叶丛中生出，花梗长7~13毫米；花萼钟状，膜质；花冠白色或带红色，长2~3.5毫米，辐射状钟形，花冠裂片5。蒴果卵圆形，长约3毫米，超过宿萼。

见于河岸、溪旁及湿草地，有时浮于水中。分布于我国东北、西南、西北地区。

野胡麻 | *Dodartia orientalis* Linn.

玄参科 / 野胡麻属 *Dodartia*

多年生草本，高15~50厘米。茎单一或束生，多回分枝，扫帚状。叶疏生，茎下部的对生或近对生，上部的常互生，宽条形，长1~4厘米，全缘或有疏齿。总状花序顶生，伸长，花3~7朵，稀疏；花梗短；花冠紫色或深紫红色，长1.5~2.5厘米。蒴果圆球形，径约5毫米，具短尖头。

见于沙质山坡及田野。分布于新疆、内蒙古、甘肃、四川。

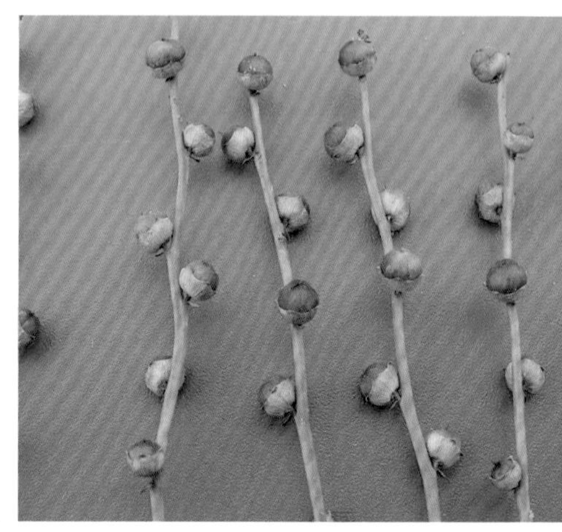

疗齿草 | *Odontites vulgaris* Moench

玄参科 / 疗齿草属 *Odontites*

一年生草本，高 20~60 厘米，全体被白色细硬毛。茎常在中上部分枝，上部四棱形。叶无柄，披针形至条状披针形，长 1~4.5 厘米，宽 0.3~1 厘米，边缘疏生锯齿。穗状花序顶生；花萼长 4~7 毫米，裂片狭三角形；花冠紫色或淡红色，长 8~10 毫米，外被白色柔毛。蒴果长 4~7 毫米，上部被细刚毛。

见于湿草地。分布于我国西北、华北及东北地区。

北水苦荬 | *Veronica anagallis-aquatica* Linn. 玄参科/婆婆纳属 *Veronica*

多年生草本，高10~100厘米。叶无柄，上部的叶半抱茎，多为椭圆形或长卵形，长2~10厘米，宽1~3.5厘米，全缘或有疏而小的锯齿。总状花序比叶长，多花；花萼裂片卵状披针形，急尖，果期直立或叉开；花冠浅蓝色、浅紫色或白色，直径4~5毫米，裂片宽卵形。蒴果近圆形。

见于水边及沼地。分布于我国长江以北及西南地区。

肉苁蓉 | *Cistanche deserticola* Y. C. Ma 列当科/肉苁蓉属 *Cistanche*

高大草本，高40~160厘米，大部分生地下。茎不分枝或自基部分枝，下部直径可达15厘米，向上渐变细。叶三角状卵形，长0.5~1.5厘米，宽1~2厘米，生于茎下部的较密，上部的较稀疏并变狭。花序穗状，长15~50厘米，直径4~7厘米；花冠筒状钟形，长3~4厘米，顶端5裂，淡黄白色或淡紫色。蒴果卵球形，长1.5~2.7厘米，直径1.3~1.4厘米，花柱宿存。

寄生在梭梭及白梭梭。分布于内蒙古、宁夏、甘肃及新疆。

平车前 | *Plantago depressa* Willd. 车前科 / 车前属 *Plantago*

一年生草本，有圆柱状直根。基生叶椭圆形或卵状披针形，长4~10厘米，宽1~3厘米，边缘有远离小齿或不整齐锯齿；叶柄长1.5~3厘米，基部具宽叶鞘。花莛少数，长4~17厘米，疏生柔毛；穗状花序长4~10厘米。蒴果圆锥状。

见于草地、河滩、沟边、草甸、田间及路旁。分布于我国东北、西北、华北、华东、华中、西南地区。

大车前 | *Plantago major* Linn. 车前科 / 车前属 *Plantago*

二年生或多年生草本，有须根。基生叶卵形或宽卵形，长3~18（~30)厘米，宽2~11（~21）厘米，边缘波状或有不整齐锯齿，两面有短或长柔毛；叶柄长3~9厘米。花莛数条，近直立；穗状花序细圆柱状，长4~9厘米，花密生。蒴果圆锥状，周裂。

见于草地、草甸、河滩、沟边、沼泽地、山坡路旁、田边或荒地。分布于我国大多数地区。

小车前（细叶车前）| *Plantago minuta* Pall. 车前科 / 车前属 *Plantago*

一年生或多年生小草本，叶、花序梗及花序轴密被长柔毛，有时近无毛。直根细长。叶基生呈莲座状，线形或狭匙状线形，长3~8厘米，宽1.5~8毫米，全缘，基部渐狭并下延扩大成鞘状。穗状花序短圆柱状至头状，2至多数，长0.6~2厘米，紧密；花序梗长2~12厘米，纤细。蒴果卵球形，于基部上方周裂。

见于戈壁滩、沙地、沟谷、河滩、沼泽地、盐碱地、田边。分布于我国西北地区，以及内蒙古、山西和西藏。

灌木亚菊 | *Ajania fruticulosa* (Ledeb.) Poljak. 菊科 / 亚菊属 *Ajania*

小半灌木，高8~40厘米。中部茎叶全形圆形至宽卵形，长0.5~3厘米，宽1~2.5厘米，二回掌状或掌式羽状3~5分裂，一、二回全部全裂；中上部和中下部的叶掌状3~5全裂，或全部茎叶3裂；末回裂片线形或倒披针形；叶两面被毛。头状花序小，在枝端排成伞房或复伞房花序；总苞钟状；总苞片4层；边缘雌花5个，花冠细管状，顶端3~5齿。瘦果长约1毫米。

见于荒漠及荒漠草原。分布于我国西北地区，以及内蒙古和西藏。

牛蒡 | *Arctium lappa* Linn. 菊科 / 牛蒡属 *Arctium*

二年生草本，高达2米，具粗大的肉质直根。茎直立，粗壮。基生叶宽卵形，长达30厘米，宽达21厘米，边缘具稀疏的浅波状凹齿或齿尖，基部心形，有长达32厘米的叶柄；茎生叶较小。头状花序多数或少数在茎枝顶端排成疏松的伞房花序；总苞卵形或卵球形，直径1.5~2厘米；总苞片多层；小花紫红色，花冠长1.4厘米。瘦果倒长卵形，长5~7毫米，宽2~3毫米，两侧压扁，浅褐色。

见于河边潮湿地或荒地。分布于全国各地。

盐蒿 | *Artemisia halodendron* Turcz. ex Bess. 菊科 / 蒿属 *Artemisia*

小灌木。下部枝多匍地生长，具短枝，短枝上叶常密集成丛生状。茎下部叶与营养枝叶宽卵形或近圆形，长、宽3~6厘米，二回羽状全裂，小裂片狭线形，叶柄长1.5~4厘米；中部叶宽卵形或近圆形，一至二回羽状全裂，小裂片狭线形；上部叶与苞片叶3~5全裂或不分裂，无柄。头状花序多数，卵球形，直径2.5~4毫米，在分枝上端排成复总状花序，并在茎上组成大型、开展的圆锥花序。瘦果长卵形。

见于流动、半流动或固定的沙丘、砾质坡地。分布于我国东北、华北、西北地区。

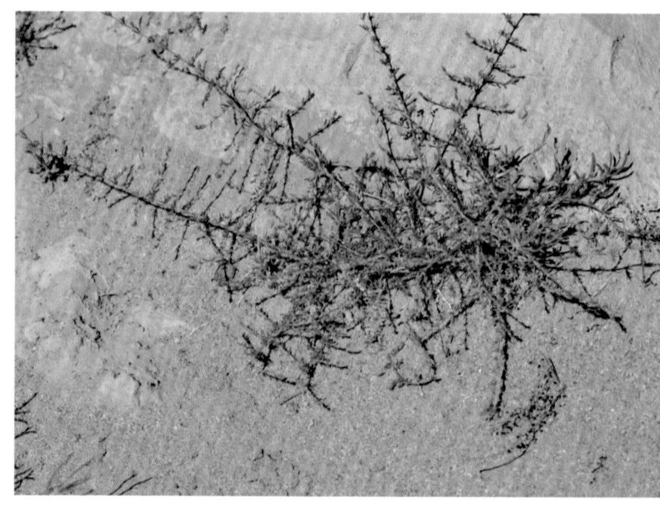

蒙古蒿 | *Artemisia mongolica* (Fisch. ex Bess.) Nakai 菊科 / 蒿属 *Artemisia*

多年生草本，高40~120厘米。分枝多。叶背面密被绒毛；下部叶卵形，二回羽状全裂或深裂，叶柄长，两侧常有小裂齿；中部叶卵形或近圆形，长3~9厘米，宽4~6厘米，一至二回羽状全裂；上部叶卵形，羽状全裂，无柄。头状花序多数，椭圆形，直径1.5~2毫米，在分枝上排成穗状花序，并在茎上组成狭窄或中等开展的圆锥花序。瘦果小，长圆状倒卵形。

见于山坡、灌丛、河边及路旁。分布于我国东北、华北、西北地区，以及山东、江苏、安徽、江西、福建（北部）、台湾（中部高山地区）、河南、湖北、湖南、广东（北部）、四川及贵州等省份。

黑沙蒿 | *Artemisia ordosica* Krasch. 菊科 / 蒿属 *Artemisia*

小灌木，高50~100厘米。分枝多，当年生枝紫红色。茎下部叶宽卵形，一至二回羽状全裂，小裂片狭线形，叶柄短；中部叶卵形或宽卵形，长3~7厘米，宽2~4厘米，一回羽状全裂，裂片狭线形；上部叶5或3全裂，无柄，在分枝上排成总状或复总状花序，并在茎上组成开展的圆锥花序。瘦果倒卵形。

见于流动与半流动沙丘或固定沙丘，干草原与干旱的坡地。分布于我国华北和西北地区。

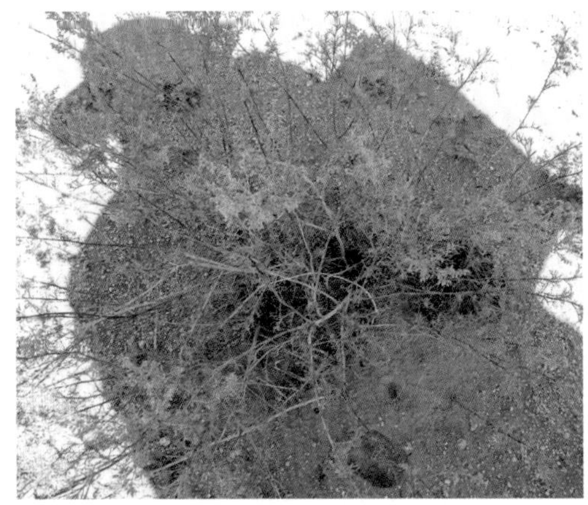

圆头蒿（白沙蒿）| *Artemisia sphaerocephala* Krasch. 菊科/蒿属 *Artemisia*

小灌木，高80~150厘米。分枝多。叶半肉质；短枝上叶簇生状；茎下部、中部叶宽卵形或卵形，长2~5(~8)厘米，宽1.5~4厘米，一至二回羽状全裂，小裂片线形，先端有小硬尖头，叶柄长0.3~0.8厘米；上部叶羽状分裂或3全裂。头状花序球形，直径3~4毫米，下垂，在小枝上排成穗状花序式的总状花序或复总状花序，而在茎上组成大型、开展的圆锥花序。瘦果小，黑色。

见于流动、半流动或固定的沙丘上、干旱的荒坡上。分布于我国西北地区，以及内蒙古和山西。

猪毛蒿 | *Artemisia scoparia* Waldst. et Kit. 菊科/蒿属 *Artemisia*

多年生草本，高40~130厘米。茎红褐色，自下部分枝。基生叶与营养枝叶近圆形或长卵形，二至三回羽状全裂，具长柄；茎下部叶长卵形或椭圆形，长1.5~3.5厘米，宽1~3厘米，二至三回羽状全裂，叶柄长2~4厘米；中部叶长圆形或长卵形，长1~2厘米，宽0.5~1.5厘米，一至二回羽状全裂。头状花序近球形，极多数，在分枝上偏向外侧排成复总状或复穗状花序，而在茎上再组成大型圆锥花序。瘦果倒卵形或长圆形，褐色。

见于山坡、路旁、沙地。分布于全国各地。

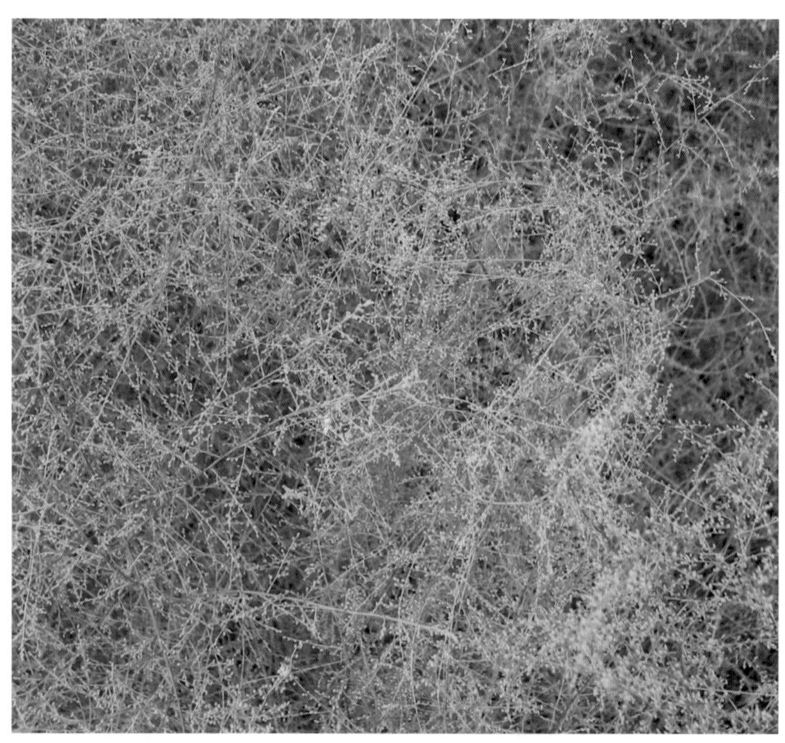
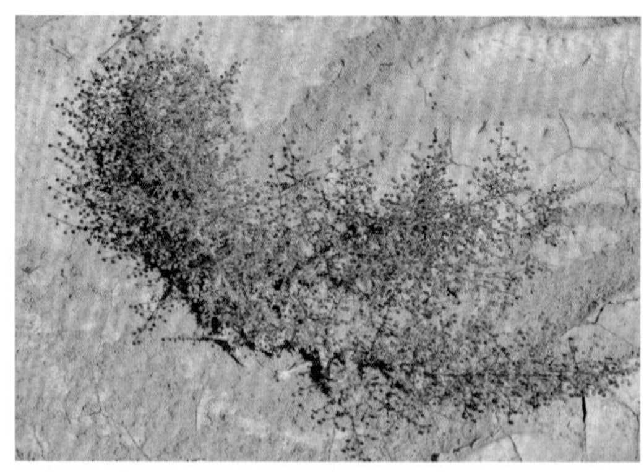
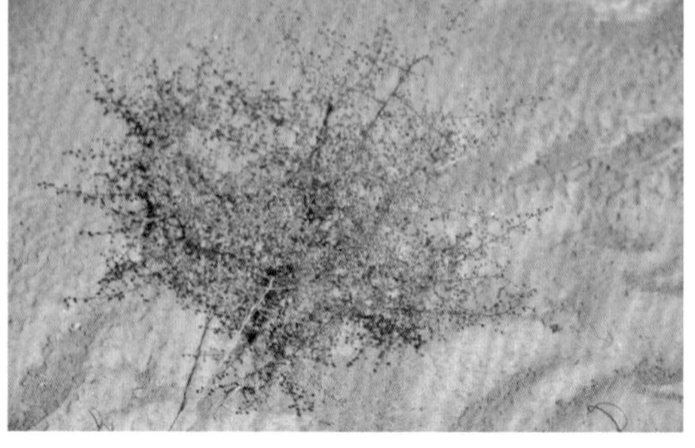

北艾 | *Artemisia vulgaris* Linn. 菊科 / 蒿属 *Artemisia*

多年生草本，高40~160厘米。茎紫褐色，多少分枝。叶背面密被灰白色绒毛；茎下部叶椭圆形或长圆形，二回羽状深裂或全裂，具短柄；中部叶椭圆形或长卵形，长3~15厘米，宽1.5~10厘米，一至二回羽状深裂或全裂，无叶柄；上部叶小，羽状深裂；苞片叶小，3深裂或不分裂。头状花序长圆形，直径2.5~3.5毫米，在分枝的小枝上排成密穗状花序，而在茎上组成狭窄或略开展的圆锥花序。瘦果倒卵形或卵形。

见于谷地、荒坡及路旁。分布于我国西北地区。

内蒙古旱蒿 | *Artemisia xerophytica* Krasch. 菊科 / 蒿属 *Artemisia*

小灌木状，高30~40厘米。茎多数丛生；上部分枝多。叶小，半肉质，两面被毛；基生叶与茎下部叶二回羽状全裂；中部叶卵圆形或近圆形，长1~1.5厘米，宽0.4~0.6厘米，二回羽状全裂，裂片狭楔形；上部叶与苞片叶羽状全裂或3~5全裂，无柄。头状花序近球形，在分枝端排成松散或紧密的总状花序，而在茎上组成中等开展的圆锥花序。瘦果倒卵状长圆形。

见于戈壁、半荒漠草原及半固定沙丘上。分布于我国西北地区。

阿尔泰狗娃花 | *Aster altaicus* Willd. 菊科/紫菀属 *Aster*

多年生草本，高20~100厘米。茎上部或全部有分枝。基部叶在花期枯萎；下部叶条形或矩圆状披针形，长2.5~6厘米，宽0.7~1.5厘米，全缘或有疏浅齿；上部叶渐狭小，条形；全部叶两面或下面被粗毛，常有腺点。头状花序直径2~3.5厘米，单生枝端或排成伞房状；总苞半球形；总苞片2~3层；舌状花约20个，浅蓝紫色。瘦果扁，倒卵状矩圆形。冠毛污白色或红褐色。

见于草原、荒漠、沙地及干旱山地。分布于全国各地。

千叶阿尔泰狗娃花 | *Aster altaicus* Willd. var. *millefolius* (Vant.) Hand.-Mazz. 菊科/紫菀属 *Aster*

多年生草本，高20~60厘米。茎被毛，有多数近等长而开展的分枝。叶条形或条状披针形，长1~2厘米，宽1~2.5毫米，开展。花序多分枝，有密生的叶；总苞径0.5~0.8厘米；舌片长5~6毫米，浅蓝紫色。

见于石质或黄土山坡及台地。分布于内蒙古、甘肃、陕西、山西、河北、辽宁、黑龙江。

中亚紫菀木 | *Asterothamnus centrali-asiaticus* Novopokr. 菊科/紫菀木属 *Asterothamnus*

多分枝半灌木，高20~40厘米。茎多数，簇生。叶较密集，长圆状线形或近线形，长8~15毫米，宽1.5~2毫米，边缘反卷，下面被灰白色绒毛。头状花序径约10毫米，在茎枝顶端排成疏散的伞房花序；总苞宽倒卵形，长6~7毫米，宽9毫米；总苞片3~4层；舌状花7~10个，淡紫色，长约10毫米。瘦果长圆形；冠毛白色，糙毛状。

见于砂石地、干旱山坡。分布于我国西北地区。

星毛短舌菊 | *Brachanthemum pulvinatum* (Hand.-Mazz.) Shih 菊科/短舌菊属 *Brachanthemum*

小半灌木，高15~45厘米。老枝灰色、扭曲；幼枝浅褐色。除老枝外，全株密被贴伏的星状毛。叶轮廓楔形、椭圆形或半圆形，长0.5~1厘米，宽0.4~0.6厘米，3~5掌状或羽状分裂；裂片线形；叶柄长达8毫米；花序下部的叶明显3裂；叶腋有密集的叶簇。头状花序单生或3~8个排成疏散伞房花序；总苞半球形，径6~8毫米；总苞片4层；舌状花黄色，7~14个，舌片椭圆形，顶端2微尖齿。瘦果长2毫米。

见于山坡或戈壁滩。分布于我国西北地区。

毛果小甘菊 | *Cancrinia lasiocarpa* C. Winkl. 菊科 / 小甘菊属 *Cancrinia*

多年生草本，高7~15厘米。茎基部分枝，被白色棉毛。叶灰绿色，被白色棉毛，披针状卵形至长圆形，长7~15毫米，宽5~8毫米，羽状全裂，裂片全缘或浅裂；叶柄被棉毛，基部扩大。头状花序单生茎顶，梗长4~8厘米；总苞直径8~12毫米，被棉毛；总苞片3层；花冠黄色，檐部5齿裂。瘦果长约2毫米，具5条纵肋；冠毛膜片状，5裂。

见于山坡。分布于甘肃、宁夏。

藏蓟 | *Cirsium arvense* (Linn.) Scop. var. *alpestre* Nägeli 菊科 / 蓟属 *Cirsium*

一年生草本，高40~80厘米。茎枝被毛。下部茎叶长椭圆形或倒披针状长椭圆形，长7~12厘米，宽2.5~3厘米，羽状浅裂或半裂；侧裂片3~5对，边缘具3~5个长硬针刺，齿缘有缘毛状针刺；下部茎叶羽裂不明显；向上的叶渐小；全部叶质地较厚，下面密被绒毛。头状花序在茎枝顶端排成伞房花序；总苞卵形，直径1.5~2厘米；总苞片约7层，顶端急尖成针刺；小花紫红色。瘦果楔状；冠毛污白色至浅褐色。

见于山坡草地、潮湿地、沙地、砾石滩地及路旁。分布于西藏、青海、甘肃及新疆。

刺儿菜 | *Cirsium arvense* (Linn.) Scop. var. *integrifolium* Wimm. & Grab. 菊科/蓟属 *Cirsium*

多年生草本，高30~120厘米。上部分枝。基生叶和中部茎叶椭圆形或椭圆状倒披针形，长7~15厘米，宽1.5~10厘米，上部茎叶渐小；全部茎叶不分裂，叶缘有细密针刺，或叶缘有刺齿，或羽状浅裂或半裂或边缘粗大圆锯齿，齿顶及裂片顶端有较长的针刺，边缘的针刺较短且贴伏。头状花序单生茎端，或排成伞房花序；总苞卵形，总苞片约6层，顶端具针刺；小花紫红色或白色。瘦果椭圆形，压扁；冠毛污白色。

见于山坡、河旁或荒地、田间。分布于我国大多数地区。

砂蓝刺头 | *Echinops gmelini* Turcz. 菊科/蓝刺头属 *Echinops*

一年生草本，高10~90厘米。茎单生，淡黄色，自中部或基部有开展的分枝或不分枝，全部茎枝被稀疏腺毛。下部茎叶线形或线状披针形，长3~9厘米，宽0.5~1.5厘米，基部扩大，抱茎，边缘刺齿或三角形刺齿裂或刺状缘毛；中上部茎叶渐小；全部叶被稀疏蛛丝状毛及腺点。复头状花序单生茎顶或枝端，直径2~3厘米；小花蓝色或白色，花冠5深裂。瘦果倒圆锥形，长约5毫米。

见于山坡砾石地、荒漠草原、黄土丘陵、沙地。分布于我国东北、西北、华北地区。

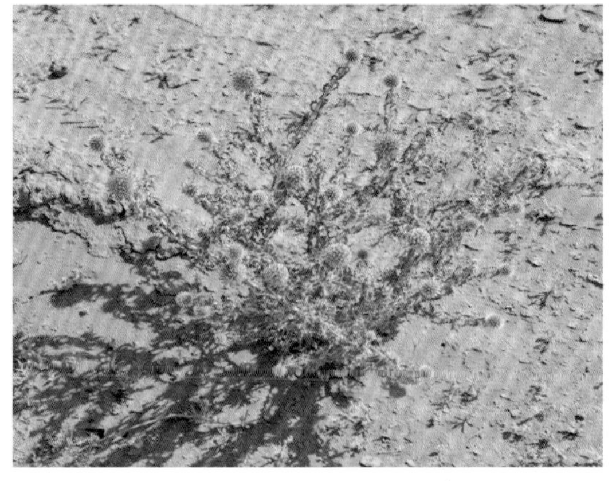

蓼子朴 | *Inula salsoloides* (Turcz.) Ostenf. 菊科/旋覆花属 *Inula*

亚灌木，高达45厘米。分枝细，常弯曲。叶披针状或长圆状线形，长5~10毫米，宽1~3毫米，全缘，基部常心形或有小耳，半抱茎，稍肉质，下面有腺及短毛。头状花序径1~1.5厘米，单生于枝端；总苞倒卵形，长8~9毫米；总苞片4~5层；舌状花浅黄色，椭圆状线形，顶端有3个细齿。瘦果长1.5毫米，上端有较长的毛。

见于干旱草原、戈壁滩地、流砂地、固定沙丘、湖河沿岸冲积地、风沙地和丘陵。分布于我国西北和华北地区。

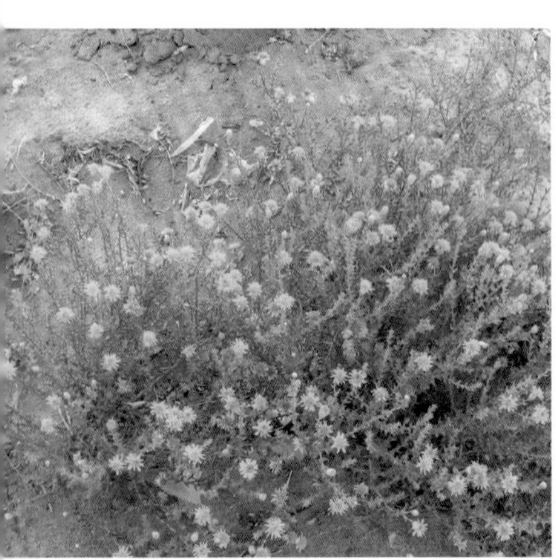

中华苦荬菜（中华小苦荬）| *Ixeris chinensis* (Thunb.) Kitagawa 菊科/苦荬菜属 *Ixeris*

多年生草本，高5~47厘米。茎上部伞房花序状分枝。基生叶长椭圆形或舌形，包括叶柄长2.5~15厘米，宽2~5.5厘米，基部渐狭成有翼的短或长柄，全缘或边缘有齿，或羽状浅裂、半裂或深裂；茎生叶2~4枚，极少1枚或无，长披针形，全缘，基部扩大为耳状抱茎。头状花序在茎枝顶端排成伞房花序；总苞圆柱状；总苞片3~4层；舌状小花黄色，干时带红色。瘦果长椭圆形；冠毛白色。

见于山坡路旁、田野、河边灌丛或岩石缝隙中。分布于我国东北、西北、华北、华东、西南地区。

蒙疆苓菊 | *Jurinea mongolica* Maxim. 菊科 / 苓菊属 *Jurinea*

多年生草本，高8~25厘米。茎自下部分枝。基生叶长椭圆形或长椭圆状披针形，宽1~4厘米，带叶柄长7~10厘米，叶柄长2~4厘米，叶片羽状深裂、浅裂或齿裂，侧裂片3~4对，长椭圆形或三角状披针形，顶裂片较长；全部裂片边缘全缘，反卷；茎生叶无柄。头状花序单生枝端；总苞碗状，直径2~2.5厘米；花冠红色。瘦果倒圆锥状；冠毛褐色。

见于沙地、干旱荒地。分布于我国西北地区。

花花柴 | *Karelinia caspia* (Pall.) Less. 菊科 / 花花柴属 *Karelinia*

多年生草本，高50~100厘米。多分枝，幼枝被毛，老枝有疣状突起。叶卵圆形或长椭圆形，长1.5~6.5厘米，宽0.5~2.5厘米，基部有圆形或戟形的小耳，抱茎，全缘，几肉质，两面被短糙毛。头状花序长约13~15毫米，约3~7个生于枝端；总苞卵圆形或短圆柱形，长10~13毫米；总苞片约5层；小花黄色或紫红色。瘦果圆柱形。

见于戈壁滩地、沙丘、草甸盐碱地和田旁。分布于我国西北地区。

乳苣 | *Lactuca tatarica* (Linn.) C. A. Mey. 菊科 / 莴苣属 *Lactuca*

多年生草本，高15~60厘米。茎上部有圆锥状花序分枝。中下部茎叶长椭圆形或线形，基部渐狭成短柄，叶长6~19厘米，宽2~6厘米，羽状浅裂或半裂或边缘有大锯齿；向上的叶渐小。头状花序在茎枝顶端排成狭或宽圆锥花序；总苞圆柱状，长2厘米，宽约0.8毫米；总苞片4层；舌状小花紫色或紫蓝色。瘦果长圆状披针形，稍压扁。

见于河滩、湖边、草甸、田边、固定沙丘或砾石地。分布于我国华北、西北地区，以及河南、西藏。

栉叶蒿 | *Neopallasia pectinata* (Pall.) Poljak. 菊科 / 栉叶蒿属 *Neopallasia*

一年生或多年生草本，高12~40厘米。叶长圆状椭圆形，栉齿状羽状全裂，裂片线状钻形，无柄；下部和中部茎生叶长1.5~3厘米，宽0.5~1厘米，上部和花序下的叶变短小。头状花序无梗或几无梗，卵形或狭卵形，长3~5毫米，单生或数个集生于叶腋，多数头状花序在小枝或茎中上部排成穗状或狭圆锥状花序。瘦果椭圆形。

见于荒漠、河谷砾石地及山坡荒地。分布于我国东北、华北、西北、西南地区。

火媒草 | *Olgaea leucophylla* (Turcz.) Iljin 菊科/猬菊属 *Olgaea*

多年生草本，高15~80厘米。茎枝密被绒毛。基部茎叶长椭圆形，长12~20厘米，宽3~5厘米，边缘羽状浅裂或具三角形大刺齿或浅波状刺齿，裂片及刺齿顶端及边缘有针刺；茎生叶较小，沿茎下延成茎翼，翼宽1.5~2厘米，边缘有大小不等的刺齿；全部茎叶两面被蛛丝状绒毛。头状花序多数或少数单生茎枝顶端；总苞钟状，直径3~4厘米；总苞片多层；小花紫色或白色。瘦果长椭圆形，长1厘米；冠毛浅褐色。

见于草地、沙地、农田或水渠边。分布于我国东北、华北和西北地区。

顶羽菊 | *Rhaponticum repens* (Linn.) Hid. 菊科/漏芦属 *Rhaponticum*

多年生草本，高25~70厘米。茎自基部分枝，全部茎枝被蛛丝毛，被稠密的叶。全部茎叶长椭圆形或匙形或线形，长2.5~5厘米，宽0.6~1.2厘米，全缘或有少数不明显的细尖齿，或羽状半裂。头状花序多数在茎枝顶端排成伞房花序或伞房圆锥花序；总苞卵形，直径0.5~1.5厘米；总苞片约8层；花冠粉红色或淡紫色。瘦果倒长卵形；冠毛白色。

见于山坡、丘陵、平原，农田、荒地。分布于我国东北和西北地区。

达乌里风毛菊 | *Saussurea davurica* Adams 菊科 / 风毛菊属 *Saussurea*

多年生草本，高4~15厘米，全株灰绿色。基生叶披针形或长椭圆形，长2~10厘米，宽0.5~2厘米，边缘全缘、浅波状锯齿或下部倒向羽状浅裂或深裂，叶柄长1~3厘米，柄基扩大；下部茎叶与基生叶同形，但较小，上部茎叶更小，长椭圆形或宽线形，无柄。头状花序少数或多数，在茎枝顶端排成球形或半球形的伞房花序；总苞圆柱状；总苞片6~7层；小花粉红色。瘦果圆柱状；冠毛白色。

见于河岸碱地、湿河滩、盐渍化低湿地、盐化草甸。分布于我国西北地区。

拐轴鸦葱 | *Scorzonera divaricata* Turcz. 菊科 / 鸦葱属 *Scorzonera*

多年生草本，高20~70厘米。分枝铺散或直立或斜升，纤细。叶线形或丝状，长1~9厘米，宽1~2(~5)毫米，先端常卷曲成钩状，向上部的茎叶短小。头状花序单生茎枝顶端，形成疏松的伞房状花序；总苞狭圆柱状；总苞片约4层；舌状小花4~5枚，黄色。瘦果圆柱状，长约8.5毫米；冠毛污黄色。

见于干河床、沟谷中及沙地中的丘间低地、固定沙丘。分布于内蒙古、河北、甘肃、山西、陕西。

蒙古鸦葱 | *Scorzonera mongolica* Maxim. 菊科 / 鸦葱属 *Scorzonera*

多年生草本，高5~35厘米。茎多数，分枝少数，全部茎枝灰绿色。基生叶长椭圆形至线状披针形，长2~10厘米，宽0.4~1.1厘米，基部渐狭成长或短柄，柄基鞘状扩大；茎生叶披针形至线状长椭圆形，基部楔形收窄，无柄；全部叶肉质，灰绿色。头状花序单生于茎端，或茎生2枚头状花序，成聚伞花序状排列；总苞狭圆柱状；总苞片4~5层；舌状小花黄色。瘦果圆柱状；冠毛白色。

见于盐化草甸、盐化沙地、盐碱地、湖盆边缘、草滩。分布于我国西北、华北地区，以及辽宁、山东、河南。

帚状鸦葱 | *Scorzonera pseudodivaricata* Lipsch. 菊科 / 鸦葱属 *Scorzonera*

多年生草本，高7~50厘米。茎自中部以上分枝，分枝纤细，成帚状。叶互生或偶有对生，线形，长达16厘米，宽0.5~5毫米，向上的茎生叶渐短或极短小而几成针刺状或鳞片状；基生叶的基部鞘状扩大，半抱茎，茎生叶的基部扩大半抱茎或稍扩大而贴茎。头状花序多数，单生茎枝顶端，形成疏松的聚伞圆锥状花序；总苞狭圆柱状；总苞片约5层；舌状小花7~12枚，黄色。瘦果圆柱状；冠毛污白色。

见于荒漠砾石地、干山坡、石质残丘、戈壁和沙地。分布于我国西北地区。

北千里光 | *Senecio dubitabilis* C. Jeffrey et Y. L. Chen 菊科 / 千里光属 *Senecio*

一年生草本，高5~30厘米。茎单生，自基部或中部分枝。叶无柄，匙形至线形，长3~7厘米，宽0.3~2厘米，羽状短细裂至具疏齿或全缘；下部叶基部狭成柄状；中部叶基稍扩大而成具不规则齿半抱茎的耳；上部叶较小，有细齿或全缘。头状花序无舌状花，少数至多数，排列成顶生疏散伞房花序；总苞几狭钟状；管状花多数，黄色。瘦果圆柱形；冠毛白色。

见于砂石地、田边。分布于新疆、青海、甘肃、西藏、河北、陕西。

百花蒿 | *Stilpnolepis centiflora* (Maxim.) Krasch. 菊科 / 百花蒿属 *Stilpnolepis*

一年生草本，高40厘米。分枝有纵条纹，被绢状柔毛。叶线形，无柄，长3.5~10厘米，宽2.5~4毫米，两面被疏柔毛，基部有2~3对羽状裂片。头状花序半球形，下垂，直径8~20毫米，有长3~5厘米的梗，多数头状花序排成疏松伞房花序；两性花极多数，黄色。瘦近纺锤形；无冠状冠毛。

见于沙地。分布于内蒙古、陕西、甘肃。

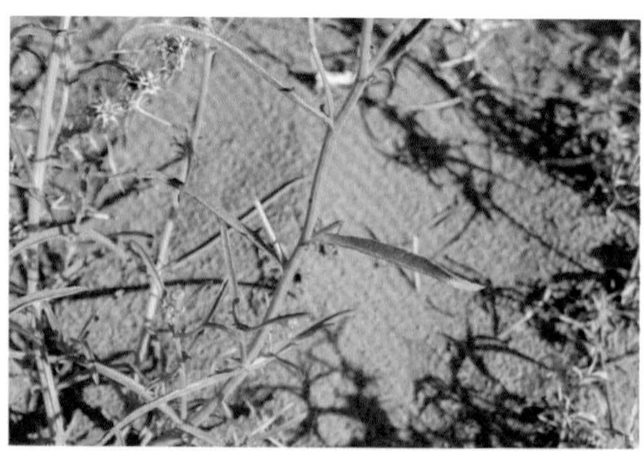

长裂苦苣菜 | *Sonchus brachyotus* DC. 菊科 / 苦苣菜属 *Sonchus*

一年生草本，高50~100厘米。基生叶与下部茎叶卵形、长椭圆形或倒披针形，长6~19厘米，宽1.5~11厘米，羽状深裂、半裂或浅裂，向下渐狭，无柄或有短翼柄，基部耳状扩大，半抱茎；中上部茎叶较小。头状花序少数在茎枝顶端排成伞房状花序；总苞钟状，长1.5~2厘米，宽1~1.5厘米；总苞片4~5层；舌状小花多数，黄色。瘦果长椭圆状，长约3毫米，每面有5条高起的纵肋；冠毛白色，长1.2厘米。

见于山地草坡、河边或碱地。分布于黑龙江、吉林、内蒙古、甘肃、河北、山西、陕西、山东。

蒙古蒲公英（蒲公英）| *Taraxacum mongolicum* Hand.-Mazz. 菊科 / 蒲公英属 *Taraxacum*

多年生草本。叶倒卵状披针形、倒披针形或长圆状披针形，长4~20厘米，宽1~5厘米，边缘大头羽状深裂或羽状深裂。花葶1至数个，与叶等长或稍长，高10~25厘米；头状花序直径约30~40毫米；总苞钟状，长12~14毫米；总苞片2~3层；舌状花黄色，舌片长约8毫米。瘦果倒卵状披针形，长约4~5毫米；冠毛白色，长约6毫米。

见于河岸沙地、田边、路旁。分布于我国东北、华北、华东、华中、西北、西南地区。

深裂蒲公英 | *Taraxacum stenolobum* Stschegl. 菊科/蒲公英属 *Taraxacum*

多年生草本。叶长圆形或长圆状线形，长6~17厘米，宽8~30毫米，羽状深裂至几乎全裂，顶端裂片长戟形，全缘，每侧裂片3~5片，裂片线形或三角状线形，全缘或具齿，裂片间有齿或小裂片。花莛1~6，高8~35厘米；总苞宽钟状，长9~15毫米；舌状花黄色，舌片长9~10毫米。瘦果长2.5~3毫米，喙纤细，长7~10毫米；冠毛白色，长5~6毫米。

见于低山草原。分布于新疆、甘肃。

碱菀 | *Tripolium pannonicum* (Jacq.) Dobr. 菊科/碱菀属 *Tripolium*

一年生草本，高30~50厘米。基部叶在花期枯萎；下部叶条状或矩圆状披针形，长5~10厘米，宽0.5~1.2厘米，全缘或有具小尖头的疏锯齿；中部叶渐狭，无柄；上部叶渐小，苞叶状；全部叶肉质。头状花序排成伞房状，有长花序梗；总苞近管状，花后钟状；总苞片2~3层；舌状花1层，淡紫色。瘦果扁。

见于沼泽、盐碱地、沙地。分布于我国东北、西北、华东地区。

苍耳 | *Xanthium strumarium* Linn. 菊科 / 苍耳属 *Xanthium*

一年生草本，高20~90厘米。茎不分枝或少有分枝。叶三角状卵形或心形，长4~9厘米，宽5~10厘米，近全缘，或有3~5不明显浅裂，基部稍心形或截形，边缘有不规则的粗锯齿，叶下面苍白色，被糙伏毛；叶柄长3~11厘米。雄性的头状花序球形；雌性的头状花序椭圆形。瘦果2，倒卵形，具钩状的刺。

见于平原、丘陵、低山、荒野路边、田边。分布于我国东北、华北、华东、华南、西北及西南地区。

芨芨草 | *Achnatherum splendens* (Trin.) Nevski 禾本科 / 芨芨草属 *Achnatherum*

多年生丛生草本，高50~250厘米。叶鞘具膜质边缘；叶舌三角形或尖披针形；叶片纵卷，质坚韧，长30~60厘米，宽5~6毫米。圆锥花序长30~60厘米，开花时呈金字塔形开展，分枝细弱；小穗长4.5~7毫米（除芒），基部带紫褐色；颖膜质，披针形；外稃顶端具2微齿，背部密生柔毛，芒自外稃齿间伸出，粗糙，长5~12毫米，易断落。

见于微碱性的草滩及砂土。分布于我国西北、东北地区，以及内蒙古、山西、河北。

小獐茅 | *Aeluropus pungens* (M. Bieb.) C. Koch 禾本科 / 獐毛属 *Aeluropus*

多年生草本，具向四周伸展的匐枝。秆直立或倾斜，高5~25厘米，基部密生鳞片状叶。叶鞘多聚于秆基，长于或短于节间；叶舌很短，其上具1圈纤毛；叶片狭线形，尖硬，长0.5~6厘米，宽约1.5毫米，扁平或内卷如针状。圆锥花序穗状，长2~7厘米，宽3~5毫米，分枝单生，彼此疏离而不重叠；小穗长2~4毫米，含4~8小花，在穗轴上排成整齐的2行。

见于盐渍化沙化、盐碱土、撂荒地、湖边缘。分布于我国西北地区。

獐毛 | *Aeluropus sinensis* (Debeaux) Tzvel. 禾本科 / 獐毛属 *Aeluropus*

多年生草本，通常有长匍匐枝。秆高15~35厘米，具多节。叶鞘通常长于节间，鞘口常有柔毛；叶舌截平；叶片无毛，通常扁平，长3~6厘米，宽3~6毫米。圆锥花序穗形，其上分枝密接而重叠，长2~5厘米，宽0.5~1.5厘米；小穗长4~6毫米，有4~6小花。

见于盐碱地。产于我国东北、西北地区，以及河北、山东、江苏。

三芒草 | *Aristida adscensionis* Linn. 禾本科/三芒草属 *Aristida*

一年生草本，高15~45厘米。秆具分枝，丛生。叶鞘短于节间，疏松包茎，叶舌短而平截；叶片纵卷，长3~20厘米。圆锥花序狭窄或疏松，长4~20厘米；分枝细弱，多贴生或斜向上升；小穗灰绿色或紫色；颖膜质，披针形；外稃明显长于第二颖；芒粗糙，主芒长1~2厘米，两侧芒稍短。

见于干山坡、黄土坡、河滩沙地及石隙内。分布于我国东北、华北、西北地区，以及河南、山东、江苏。

拂子茅 | *Calamagrostis epigeios* (Linn.) Roth 禾本科/拂子茅属 *Calamagrostis*

多年生草本，高45~100厘米。叶鞘平滑或稍粗糙，短于或基部者长于节间；叶舌膜质，长圆形，先端易破裂；叶片长15~27厘米，宽4~8毫米，扁平或边缘内卷。圆锥花序紧密，圆筒形，长10~25(~30)厘米，中部径1.5~4厘米，分枝粗糙，直立或斜向上升；小穗长5~7毫米，淡绿色或带淡紫色；外稃顶端具2齿；芒自稃体背中部附近伸出，长2~3毫米。

见于潮湿地及河岸沟渠旁。分布于全国各地。

假苇拂子茅 | *Calamagrostis pseudophragmites* (Hall. f.) Koel. 禾本科/拂子茅属 *Calamagrostis*

多年生粗壮草本，高40~100厘米。叶鞘短于节间；叶舌膜质，长圆形，顶端钝而易破碎；叶片长10~30厘米，宽1.5~5(~7)毫米，扁平或内卷。圆锥花序长圆状披针形，疏松开展，长10~20(~35)厘米，宽2~5厘米，分枝簇生，细弱；小穗长5~7毫米，草黄色或紫色；颖线状披针形，成熟后张开；外稃透明膜质，芒自顶端或稍下伸出，细弱，长1~3毫米。

见于山坡草地或河岸阴湿之处。分布于我国东北、华北、西北、西南地区。

虎尾草 | *Chloris virgata* Sw. 禾本科/虎尾草属 *Chloris*

一年生草本，高12~75厘米。叶鞘背部具脊，包卷松弛；叶舌长约1毫米；叶片线形，长3~25厘米，宽3~6毫米。穗状花序5至10余枚，长1.5~5厘米，指状着生于秆顶，常直立而并拢成毛刷状，成熟时常带紫色；小穗无柄，长约3毫米；颖膜质；外稃两侧压扁，芒自背部顶端稍下方伸出，长5~15毫米。颖果纺锤形，淡黄色。

见于路旁荒野、河岸沙地。分布于全国各地。

无芒隐子草 | *Cleistogenes songorica* (Roshev.) Ohwi. 禾本科 / 隐子草属 *Cleistogenes*

多年生草本，高15~50厘米，基部具密集枯叶鞘。叶鞘长于节间，鞘口有长柔毛；叶舌长0.5毫米；叶片线形，长2~6厘米，宽1.5~2.5毫米，扁平或边缘稍内卷。圆锥花序开展，长2~8厘米，宽4~7毫米，分枝开展或稍斜上；小穗长4~8毫米，含3~6小花，绿色或带紫色；颖卵状披针形；外稃卵状披针形，先端无芒或具短尖头；花药黄色或紫色。颖果长约1.5毫米。

见于沙地。分布于内蒙古、宁夏、甘肃、新疆、陕西。

隐花草 | *Crypsis aculeata* (Linn.) Ait. 禾本科 / 隐花草属 *Crypsis*

一年生草本，高5~40厘米。秆平卧或斜向上升，具分枝。叶鞘短于节间，松弛或膨大；叶舌短小；叶片线状披针形，扁平或对折，边缘内卷，先端呈针刺状，长2~8厘米，宽1~5毫米。圆锥花序短缩成头状或卵圆形，长约16毫米，宽5~13毫米，下面紧托两枚膨大的苞片状叶鞘；小穗长约4毫米，淡黄白色。囊果长圆形或楔形，长约2毫米。

见于河岸、沟旁及盐碱地。分布于我国西北、华北、华东地区。

老芒麦 | *Elymus sibiricus* Linn. 禾本科/披碱草属 *Elymus*

多年生丛生草本，高60~90厘米。叶鞘光滑无毛；叶片扁平，长10~20厘米，宽5~10毫米。穗状花序较疏松而下垂，长15~20厘米，通常每节具2枚小穗，有时基部和上部的各节仅具1枚小穗，小穗灰绿色或稍带紫色，含4~5小花；颖狭披针形，先端渐尖或具长达4毫米的短芒；外稃披针形；内稃几与外稃等长，先端2裂。

见于路旁和山坡上。分布于我国东北、华北、西北、西南地区。

九顶草（冠芒草）| *Enneapogon desvauxii* P. Beauv. 禾本科/九顶草属 *Enneapogon*

多年生密丛草本，高5~25厘米。叶鞘短于节间，密被短柔毛，鞘内常有分枝；叶舌极短；叶片长2~12厘米，宽1~3毫米，多内卷，密生短柔毛，基生叶呈刺毛状。圆锥花序短穗状，紧缩呈圆柱形，长1~3.5厘米，宽6~11毫米，成熟后呈草黄色；小穗通常含2~3小花；颖披针形；第一外稃顶端具9条直立羽毛状芒，长2~4毫米。

见于干燥山坡及草地。分布于辽宁、内蒙古、甘肃、宁夏、新疆、青海、山西、河北、安徽。

小画眉草 | *Eragrostis minor* Host 禾本科/画眉草属 *Eragrostis*

一年生草本。秆丛生，膝曲上升，高15~50毫米，具3~4节，节下具有一圈腺体。叶鞘较节间短，叶鞘脉上有腺体，鞘口有长毛；叶舌为一圈长柔毛；叶片线形，平展或卷缩，长3~15厘米，宽2~4毫米，主脉及边缘都有腺体。圆锥花序开展而疏松，长6~15厘米，宽4~6厘米，每节一分枝；小穗长圆形，长3~8毫米，含3~16小花；小穗柄长3~6毫米。颖果红褐色，近球形，径约0.5毫米。

见于荒芜田野、草地和路旁。分布于全国各地。

画眉草 | *Eragrostis pilosa* (Linn.) P. Beauv. 禾本科/画眉草属 *Eragrostis*

一年生丛生草本，高15~60厘米。叶鞘松裹茎，扁压，鞘口有长柔毛；叶舌为一圈纤毛；叶片线形扁平或卷缩，长6~20厘米，宽2~3毫米。圆锥花序开展或紧缩，长10~25厘米，宽2~10厘米，分枝单生，簇生或轮生；小穗具柄，长3~10毫米，宽1~1.5毫米，含4~14小花。颖果长圆形，长约0.8毫米。

见于荒芜田野草地及路旁。分布于全国各地。

布顿大麦草 | *Hordeum bogdanii* Wilensky 禾本科/大麦属 *Hordeum*

多年生丛生草本，高50~80厘米。秆具5~6节，节稍突起，密被灰毛。叶舌膜质，长约1毫米；叶片长6~15厘米，宽4~6毫米。穗状花序长5~10厘米，宽5~7毫米，易于断落；三联小穗两侧生者具长约1.5毫米的柄，外稃贴生细毛，连同芒长约5毫米；中间小穗无柄，颖针状，外稃先端具长约7毫米的芒。

见于较湿润的草地。分布于甘肃、青海、新疆。

赖草 | *Leymus secalinus* (Georgi) Tzvel. 禾本科/赖草属 *Leymus*

多年生丛生草本，高40~100厘米。秆具3~5节。叶鞘光滑无毛；叶舌膜质，截平；叶片长8~30厘米，宽4~7毫米，扁平或内卷。穗状花序直立，长10~24厘米，宽10~17毫米，灰绿色；小穗通常2~3枚生于每节，含4~7个小花；颖线状披针形；外稃披针形，先端渐尖或具长1~3毫米的芒。

见于沙地、平原绿洲及山地草原。分布于我国西北、华北、东北地区。

芦苇 | *Phragmites australis* (Cav.) Trin. ex Steud. 禾本科/芦苇属 *Phragmites*

多年生草本，高1~3(~8)米。秆具多节，节下被蜡粉。叶鞘下部者短于而上部者长于其节间；叶舌边缘密生短纤毛；叶片披针状线形，长30厘米，宽2厘米，顶端长渐尖成丝形。圆锥花序大型，长20~40厘米，宽约10厘米，分枝多数，着生稠密下垂的小穗；小穗长约12毫米，含4花。

见于沙地、低湿地、沼泽、湖塘。分布于全国各地。

长芒棒头草 | *Polypogon monspeliensis* (Linn.) Desf. 禾本科/棒头草属 *Polypogon*

一年生草本，高8~60厘米。秆具4~5节。叶鞘松弛抱茎，大多短于或下部者长于节间；叶舌膜质，2深裂或呈不规则地撕裂状；叶片长2~13厘米，宽2~9毫米。圆锥花序穗状，长1~10厘米，宽5~20毫米；小穗淡灰绿色，成熟后枯黄色；颖片先端2浅裂，芒自裂口处伸出，细长而粗糙，长3~7毫米。颖果倒卵状长圆形。

见于低湿地、沼泽。分布于全国各地。

沙鞭 | *Psammochloa villosa* (Trin.) Bor 禾本科 / 沙鞭属 *Psammochloa*

多年生草本，高1~2米。叶鞘光滑，几包裹全部植株；叶舌膜质，长5~8毫米，披针形；叶片坚硬，扁平，常先端纵卷，长达50厘米，宽5~10毫米。圆锥花序紧密，长达50厘米，宽3~4.5厘米，分枝数枚生于主轴1侧；小穗淡黄白色，长10~16毫米。

见于沙丘。分布于我国西北地区及内蒙古。

中亚细柄茅 | *Ptilagrostis pelliotii* (Danguy) Grub. 禾本科 / 细柄茅属 *Ptilagrostis*

多年生丛生草本，高20~50厘米。叶鞘紧密抱茎，短于节间；叶舌长约1毫米，平截；叶片质地较硬，纵卷如刚毛状，灰绿色，长6~10厘米，秆生者较短。圆锥花序疏松，长达10厘米，宽3~4厘米，分枝细弱，上部着生小穗；小穗柄细弱；小穗长5~6毫米，淡黄色；颖披针形；外稃顶端具2微齿，芒长20~25毫米，全被毛。

见于石砾地、荒漠平原、戈壁滩、石质山坡及岩石上。分布于内蒙古、甘肃、新疆、青海。

碱茅 | *Puccinellia distans* (L.) Parl. 禾本科/碱茅属 *Puccinellia*

多年生草本，高20~30（~60）厘米。秆具2~3节，常压扁。叶鞘长于节间，顶生者长约10厘米；叶舌截平或齿裂；叶片线形，长2~10厘米，宽1~2毫米，扁平或对折。圆锥花序开展，长5~15厘米，宽5~6厘米，每节具2~6分枝；分枝细长，平展或下垂；小穗含5~7小花；颖具细齿裂；外稃边缘具不整齐细齿。颖果纺锤形。

见于轻度盐碱性湿润草地、田边、水溪、河谷、盐化沙地。分布于我国东北、华北、西北地区，以及山东、江苏、河南。

金色狗尾草 | *Setaria pumila* (Poir.) Roem. & Schult. 禾本科/狗尾草属 *Setaria*

一年生草本，单生或丛生，高20~90厘米。叶鞘下部扁压具脊，上部圆形；叶舌具一圈纤毛；叶片线状披针形或狭披针形，长5~40厘米，宽2~10毫米，近基部疏生长柔毛。圆锥花序紧密呈圆柱状或狭圆锥状，长3~17厘米，宽4~8毫米（刚毛除外），刚毛金黄色或稍带褐色，长4~8毫米。

见于山坡、路边、荒地。分布于全国各地。

狗尾草 | *Setaria viridis* (Linn.) Beauv. 禾本科/狗尾草属 *Setaria*

一年生草本，高10~100厘米。叶鞘松弛，边缘具纤毛；叶舌极短，缘有纤毛；叶片扁平，长三角状狭披针形或线状披针形，长4~30厘米，宽2~18毫米，边缘粗糙。圆锥花序紧密呈圆柱状或基部稍疏离，长2~15厘米，宽4~13毫米（除刚毛外），刚毛长4~12毫米，绿色或紫色。颖果灰白色。

见于荒野、路边、河湖岸边、田间。分布于全国各地。

长芒草 | *Stipa bungeana* Trin. 禾本科/针茅属 *Stipa*

多年生密丛草本，高20~60厘米。基生叶舌钝圆形，秆生者披针形，两侧下延与叶鞘边缘结合，先端常两裂；叶片纵卷似针状，茎生者长3~15厘米，基生者长可达17厘米。圆锥花序为顶生叶鞘所包，成熟后渐抽出，长约20厘米，每节有2~4细弱分枝；小穗灰绿色或紫色；颖先端延伸成细芒；芒两回膝曲扭转，第一芒柱长1~1.5厘米，第二芒柱长0.5~1厘米，芒针长3~5厘米，稍弯曲。

见于石质山坡、黄土丘陵、河谷阶地、路旁。分布于我国东北、华北、西北、西南、华东地区。

沙生针茅 | *Stipa caucasica* Schmalh. subsp. *glareosa* (P. A. Smir.) Tzvel. 禾本科/针茅属 *Stipa*

多年生丛生草本，高15~25厘米。叶鞘具密毛；基生与秆生叶舌短而钝圆，边缘具纤毛；叶片纵卷如针，基生叶长为秆高2/3。圆锥花序常包藏于顶生叶鞘内，长约10厘米，分枝简短，仅具1小穗；颖尖披针形，先端细丝状；芒一回膝曲扭转，芒柱长1.5厘米，芒针长3厘米。

见于石质山坡、丘间洼地、戈壁、沙地及河滩砾石地。分布于我国西北地区，以及内蒙古、西藏、河北。

西北针茅 | *Stipa sareptana* Becker var. *krylovii* (Roshev.) P. C. Kuo et Y. H. Sun 禾本科/针茅属 *Stipa*

多年生草本，高30~80厘米，具2~3节。叶鞘短于节间；基生叶舌端钝，秆生者披针形；叶片纵卷如针状，光滑无毛。圆锥花序基部为顶生叶鞘所包，长10~20厘米；小穗草黄色；颖披针形，先端细丝状，长1.5~2.7厘米；芒两回膝曲扭转，芒针长约9厘米；内稃与外稃近等长，具2脉。颖果圆柱形，长约6毫米。

见于山前洪积扇、平滩地。分布于内蒙古、宁夏、甘肃、新疆、西藏、青海、山西、河北。

天山针茅 | *Stipa tianschanica* Roshev. 禾本科 / 针茅属 *Stipa*

多年生丛生草本，高17~23厘米。秆具2~3节，基部宿存枯叶鞘。叶鞘短于节间；基生与秆生叶舌长约1毫米，边缘被短柔毛；叶片纵卷如针状，基生叶长为秆高1/2~2/3。圆锥花序紧缩，长约5厘米，基部为顶生叶鞘所包；小穗浅绿色；颖披针形；芒一回膝曲扭转，芒柱长约1.2厘米，芒针长6~7厘米。

见于干山坡和砾石地。分布于甘肃、青海、新疆。

海韭菜 | *Triglochin maritima* Linn. 水麦冬科 / 水麦冬属 *Triglochin*

多年生草本。叶全部基生，条形，长7~30厘米，宽1~2毫米，基部具鞘，鞘缘膜质，顶端与叶舌相连。花葶直立，较粗壮，圆柱形，中上部着生多数排列较紧密的花，呈顶生总状花序；花两性；花被片6枚，绿色，2轮排列。蒴果六棱状椭圆形或卵形，长3~5毫米，径约2毫米，成熟后呈6瓣开裂。

见于湿地、沼泽、盐碱地。分布于我国东北、华北、西北、西南地区。

水麦冬 | *Triglochin palustris* Linn. 水麦冬科 / 水麦冬属 *Triglochin*

多年生湿生草本，植株弱小。叶全部基生，条形，长达20厘米，宽约1毫米，基部具鞘，残存叶鞘纤维状。花葶细长，直立，圆柱形；总状花序，花排列较疏散；花被片6枚，绿紫色。蒴果棒状条形，长约6毫米，直径约1.5毫米，成熟时自下至上呈3瓣开裂，仅顶部联合。

见于盐碱湿地、浅水处。分布于我国东北、华北、西北、西南地区。

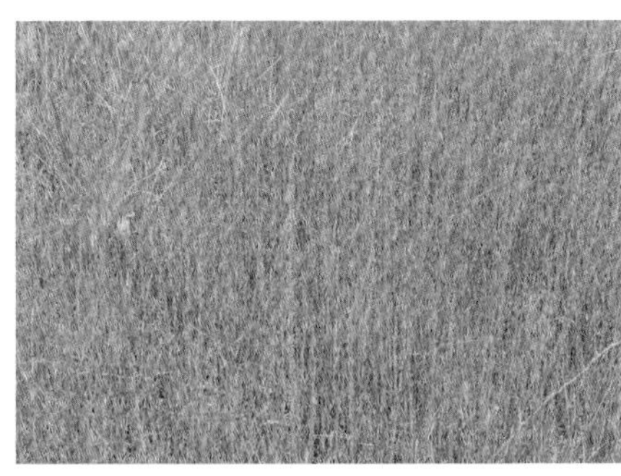

小眼子菜 | *Potamogeton pusillus* Linn. 眼子菜科 / 眼子菜属 *Potamogeton*

沉水草本。茎纤细，具分枝，并于节处生出稀疏而纤长的白色须根，节间长1.5~6厘米。叶线形，无柄，长2~6厘米，宽约1毫米，全缘；托叶为无色透明的膜质，长0.5~1.2厘米，合生成套管状而抱茎，常早落。穗状花序顶生，具花2~3轮，间断排列；花小，被片4，绿色。果实斜倒卵形，顶端具短喙。

见于湖泊、沼地。分布于全国各地。

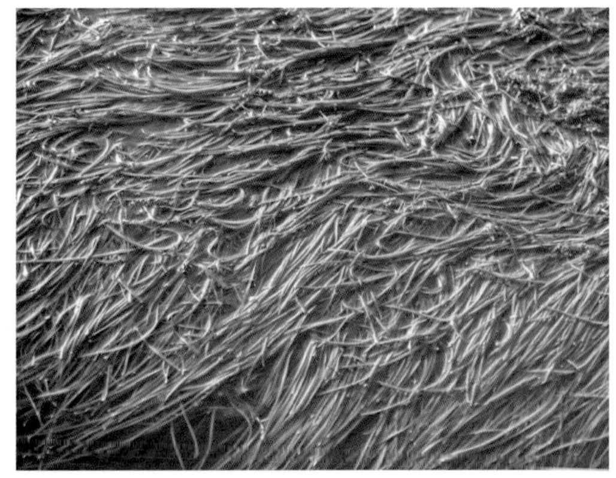

水烛 | *Typha angustifolia* Linn.

香蒲科/香蒲属 *Typha*

多年生水生或沼生草本。地上茎直立，粗壮，高1.5~3米。叶片长54~120厘米，宽0.4~0.9厘米，上部扁平，中部以下腹面微凹；叶鞘抱茎。雌雄花序相距2.5~6.9厘米；雄花序单出，或分叉；雌花序长15~30厘米，基部具1枚叶状苞片，花后脱落。小坚果长椭圆形，纵裂。

见于湖泊、河流、池塘、沼泽。分布于我国东北、华北、西北、华东、华中地区。

无苞香蒲 | *Typha laxmannii* Lepech

香蒲科/香蒲属 *Typha*

多年生沼生或水生草本，高1~1.3米。叶片窄条形，长50~90厘米，宽约2~4毫米，下部背面隆起；叶鞘抱茎较紧。雌雄花序远离；雄性穗状花序长约6~14厘米，基部和中部具1~2枚纸质叶状苞片，花后脱落；雌花序长约4~6厘米，基部具1枚叶状苞片，花后脱落；雌花无小苞片。

见于湖泊、池塘、湿地。分布于我国东北、华北、西北、华东地区。

球穗三棱草（球穗藨草）| *Bolboschoenus affinis* (Roth) Drobow 莎草科/三棱草属 *Bolboschoenus*

多年生草本。具匍匐根状茎和卵形小块茎。秆高10~50厘米，三棱形，中部以上生叶。叶扁平，线形，稍坚挺，宽1~4毫米。叶状苞片2~3枚，长于花序；聚伞花序常短缩成头状，具1~10余个小穗；小穗卵形，长10~16毫米，宽3.5~7毫米，具多数花。小坚果宽倒卵形，双凸状，长约2.5毫米，熟时深褐色。

见于砂丘湿地、沼泽、盐土地。分布于甘肃和新疆。

细叶薹草 | *Carex duriuscula* C. A. Mey. subsp. *stenophylloides* (V. I. Krecz.) S. Yun Liang & Y. C. Tang 莎草科/薹草属 *Carex*

多年生草本。根状茎细长、匍匐。秆高5~20厘米，基部叶鞘细裂成纤维状。叶短于秆，宽1~1.5毫米，内卷。苞片鳞片状。穗状花序卵形或球形，长0.5~1.5厘米，宽0.5~1厘米；小穗3~6个，卵形，密生，长4~6毫米。果囊稍长于鳞片，宽椭圆形或宽卵形，长3~3.5毫米，宽约2毫米。小坚果稍疏松地包于果囊中，近圆形或宽椭圆形。

见于固定沙丘、砾石山坡、盐碱化草地、干河床、戈壁滩。分布于我国东北、西北地区。

花穗水莎草 | *Cyperus pannonicus* Jacq. 莎草科/莎草属 *Cyperus*

多年生丛生草本，高2~18厘米。秆扁三棱形，基部具1枚叶。叶片短，刚毛状，长不超过2.5厘米，宽约1毫米，具较长的叶鞘。苞片3枚，叶状，2枚较长于花序，1枚短于花序；长侧枝聚伞花序头状，具1~8个小穗；小穗无柄，卵状长圆形，稍肿胀，长5~15毫米，宽2~5毫米，具10~32朵花；鳞片紧密地复瓦状排列，两侧暗血红色。小坚果近于圆形。

见于河旁、沟边、沼泽地、盐碱地。分布于我国东北地区，以及内蒙古、新疆、甘肃、陕西、山西、河北、河南。

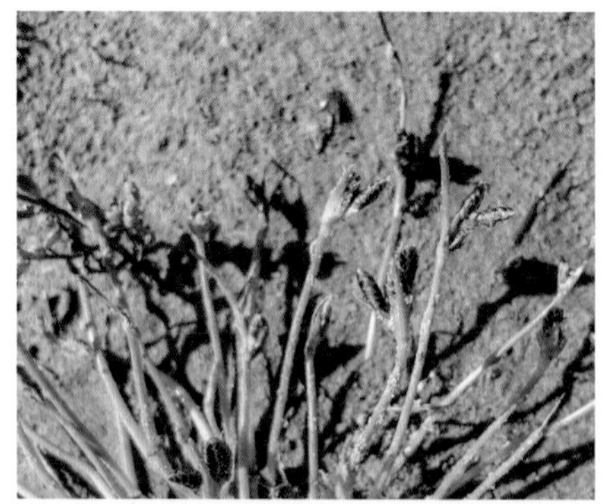
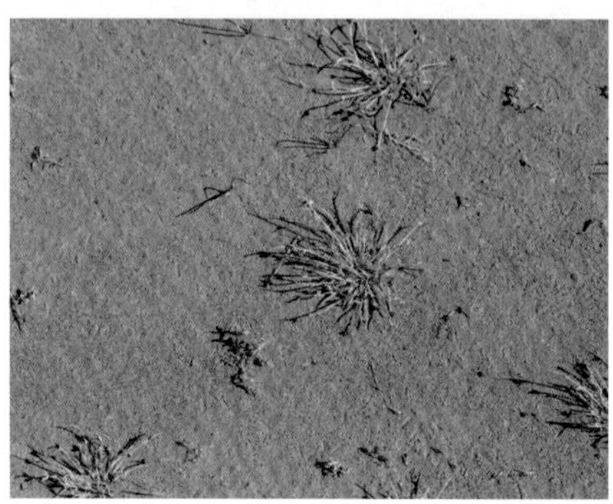

沼泽荸荠（中间型荸荠）| *Eleocharis palustris* (Linn.) Roem. & Schult. 莎草科/荸荠属 *Eleocharis*

多年生丛生草本，高15~60厘米。秆细弱。叶缺如，只在秆的基部有1~2个叶鞘，鞘口截形，高1~7厘米。小穗长圆状卵形，长7~15毫米，宽3~5毫米，有多数密生的两性花；鳞片黑褐色，边缘白色。小坚果倒卵形，双凸状。

见于湖边、沙丘间低地、沼泽、盐碱化草甸。分布于黑龙江、内蒙古、甘肃、青海、宁夏、新疆。

三棱水葱（藨草）| *Schoenoplectus triqueter* (Linn.) Pall. 莎草科／水葱属 *Schoenoplectus*

多年生草本，高20~90厘米。秆散生，粗壮，三棱形，基部具2~3个鞘，最上一个鞘顶端具叶片。叶片扁平，长1.3~5.5（~8）厘米，宽1.5~2毫米。苞片1枚，为秆的延长，三棱形，长1.5~7厘米。简单长侧枝聚伞花序假侧生，有1~8个辐射枝；每辐射枝顶端有1~8个簇生的小穗；小穗卵形或长圆形，长6~12毫米，宽3~7毫米，密生多花；鳞片黄棕色。小坚果倒卵形，平凸状。

见于水沟、水塘、山溪边或沼泽地。除广东、海南外，分布于全国各地。

小灯心草 | *Juncus bufonius* Linn. 灯心草科／灯心草属 *Juncus*

一年生草本，高4~30厘米。茎丛生，细弱。叶基生和茎生；茎生叶常1枚；叶片线形，扁平，长1~13厘米，宽约1毫米；叶鞘具膜质边缘。花序呈二歧聚伞状，或排列成圆锥状，生于茎顶，花序分枝细弱而微弯；叶状总苞片长1~9厘米；花排列疏松；小苞片2~3枚，三角状卵形；花被片披针形。蒴果三棱状椭圆形。

见于湿草地、湖岸、河边、沼泽。分布于我国东北、华北、西北、华东及西南地区。

蒙古韭 | *Allium mongolicum* Regel 百合科 / 葱属 *Allium*

多年生草本。鳞茎密集丛生，圆柱状；鳞茎外皮褐黄色，破裂成纤维状。叶半圆柱状至圆柱状，粗0.5~1.5毫米。花葶圆柱状，高10~30厘米，下部被叶鞘；总苞单侧开裂，宿存；伞形花序半球状至球状，具密集的花；花淡红色、淡紫色至紫红色。

见于荒漠、砂地或干旱山坡。分布于我国西北地区，以及内蒙古和辽宁。

碱韭 | *Allium polyrhizum* Turcz. ex Regel 百合科 / 葱属 *Allium*

多年生草本。鳞茎成丛地紧密簇生，圆柱状；鳞茎外皮黄褐色，破裂成纤维状。叶半圆柱状，边缘具细糙齿，粗0.25~1毫米。花葶圆柱状，高7~35厘米，下部被叶鞘；总苞2~3裂，宿存；伞形花序半球状，具密集的花；花紫红色或淡紫红色，稀白色。

见于向阳山坡或草地。分布于我国东北、西北、华北地区。

戈壁天门冬 | *Asparagus gobicus* Ivan. ex Grubov 百合科/天门冬属 *Asparagus*

半灌木，高15~45厘米。分枝常强烈迴折状，疏生软骨质齿。叶状枝每3~8枚成簇，通常下倾或平展，近圆柱形，长0.5~2.5厘米，粗约0.8~1毫米，较刚硬；鳞片状叶基部具短距，无硬刺。花1~2朵腋生。浆果直径5~7毫米，熟时红色。

见于沙地或多沙荒原上。分布于内蒙古、陕西、宁夏、甘肃和青海。

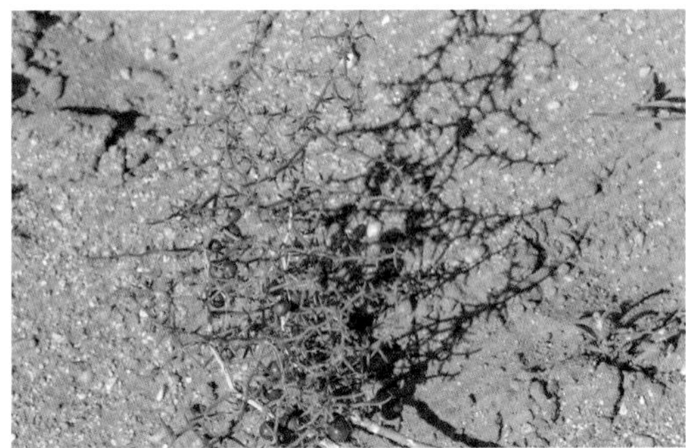

西北天门冬 | *Asparagus breslerianus* Schultes & J. H. Schultes 百合科/天门冬属 *Asparagus*

攀援植物。茎平滑，长30~100厘米。叶状枝通常每4~8枚成簇，稍扁的圆柱形，伸直或稍弧曲，长0.5~1.5厘米，粗0.4~0.7毫米；鳞片状叶基部有时有短的刺状距。花2~4朵腋生，红紫色或绿白色。浆果直径约6毫米，熟时红色。

见于盐碱地、戈壁滩、河岸或荒地上。分布于我国西北地区。

马蔺 | *Iris lactea* Pall. var. *chinensis* (Fisch.) Koidz. 鸢尾科/鸢尾属 *Iris*

多年生密丛草本。叶基生，坚韧，条形，长约50厘米，宽4~6毫米，基部鞘状。花茎光滑，高3~10厘米；苞片3~5枚，披针形，长4.5~10厘米，宽0.8~1.6厘米，内包含有2~4朵花；花浅蓝色、蓝色或蓝紫色，花被上有较深色的条纹，直径5~6厘米；花梗长4~7厘米。蒴果长椭圆状柱形，长4~6厘米，直径1~1.4厘米，有6条明显的肋，顶端有短喙。

见于荒地、路旁、山坡草地、盐碱地。分布于我国东北、华北、华东、华中、西南、西北地区。

细叶鸢尾 | *Iris tenuifolia* Pall. 鸢尾科/鸢尾属 *Iris*

多年生密丛草本。叶质地坚韧，丝状或狭条形，长20~60厘米，宽1.5~2毫米，扭曲。花茎长通常甚短，不伸出地面；苞片4枚，披针形，长5~10厘米，宽8~10毫米，内包含有2~3朵花；花蓝紫色，直径约7厘米；花梗细。蒴果倒卵形，长3.2~4.5厘米，直径1.2~1.8厘米，顶端有短喙，成熟时沿室背自上而下开裂。

见于固定沙丘或沙地。分布于我国东北、西北、华北地区，以及西藏。

中文名索引

A

B

C

D

E

F

G

H

H

J

K

L

M

N

P

Q

R

S

拉丁学名索引